现代公共空间设计的艺术研究

王 红 著

北京工业大学出版社

图书在版编目（CIP）数据

现代公共空间设计的艺术研究 / 王红著. — 北京 ：
北京工业大学出版社，2019.10（2021.5 重印）

ISBN 978-7-5639-6795-7

Ⅰ．①现… Ⅱ．①王… Ⅲ．①公共建筑－室内装饰设
计－研究 Ⅳ．① TU242

中国版本图书馆 CIP 数据核字（2019）第 084088 号

现代公共空间设计的艺术研究

著　　者：王　红
责任编辑：刘连景
封面设计：点墨轩阁
出版发行：北京工业大学出版社
　　　　　（北京市朝阳区平乐园 100 号　邮编：100124）
　　　　　010-67391722（传真）　bgdcbs@sina.com
经销单位：全国各地新华书店
承印单位：三河市明华印务有限公司
开　　本：710 毫米 ×1000 毫米　1/16
印　　张：11
字　　数：220 千字
版　　次：2019 年 10 月第 1 版
印　　次：2021 年 5 月第 2 次印刷
标准书号：ISBN 978-7-5639-6795-7
定　　价：48.00 元

前　言

现代意义上的公共空间设计概念传入我国的时间还不长，随着我国经济的快速发展，人们生活质量的不断提高，公共空间设计也获得了较大的发展，在各种功能、类型的公共空间环境的变化中，我们可以深切地感受到人们对公共空间在功能、形式和精神上的要求越来越高。随着我国政府对改善城乡人居生活环境投入的加大，以及商业消费领域的不断扩展，公共空间设计在我国已成了一个越来越受重视的新兴行业，公共空间设计在现代社会中的功能和作用也变得越来越重要。

公共空间的设计与艺术有着紧密的联系，作为公共文化中的重要组成部分，公共空间的设计必须体现出一定的艺术特点和内涵。

本书共八章。第一章对公共空间的相关概念进行了介绍；第二章对公共空间与艺术设计之间的关系进行了探讨；第三章对公共空间设计中的美学基础进行了研究；第四章对公共空间艺术设计进行了研究；第五章对公共空间艺术设计的过程与多样性进行了研究；第六章对公共空间设计的材料、色彩、环境设计进行了研究；第七章对城市公共空间的设计进行了研究；第八章对公共空间设计的未来发展进行了展望。

本书由郑州轻工业大学易斯顿美术学院王红撰写。为了保证内容的丰富性与研究的多样性，作者在撰写的过程中参阅了很多关于公共空间艺术设计方面的资料，在此对涉及的专家学者们表示衷心的感谢。最后，由于作者水平有限，成书时间仓促，书中难免有疏漏和不妥之处，恳请同行专家和读者批评指正。

目 录

第一章　公共空间概述

　　公共空间是现代城市中的重要活动空间。公共空间有着悠久的发展历史，纵观中外著名的建筑，我们可以领略到独特的艺术特色。这也说明，公共空间设计与艺术之间有着密切的联系。随着现代社会的不断发展，公共空间在类型、功能、需求等方面都发生了一定的变化。此外，人们的艺术观念和公共空间设计的理念也发生了一定的变化。要对公共空间设计的艺术进行研究，首先就要对公共空间设计的相关概念进行明确。

第一节　公共空间的含义

一、公共空间概念的起源

　　根据国内外相关学者的研究，公共空间这一概念起源于古希腊。在希腊城邦中，公共领域是以公共生活空间作为表象的，而公共生活空间又是通过公共建筑之格局而形成的。根据考古学家以现代理念为基础进行的划分，古希腊城邦最主要的公共建筑可以分为三类：第一类是宗教性公共建筑，如神庙、圣殿、祭坛等；第二类是城邦的市政建筑，如议事大厅、法庭、公共食堂、市政广场等；第三类是城邦社会文化活动的场所，如体育馆、运动场、摔跤场、露天剧场等。

　　从社会功能来看，古希腊城邦公共建筑格局所形成的公共空间是向所有公民开放的，如由神庙和祭坛组成的宗教圣地，是人们参与宗教崇拜的场所。城邦的市政广场是政治生活的中心，其中有最大的集市，店铺林立，人们定期从各地聚集到这里，从事买卖活动，形成了早期商业建筑空间的雏形。同时这里又是城邦公共生活和政治生活的空间。露天剧场是进行戏剧表演和观看戏剧的地方。作为戏剧表演和观看戏剧的场所，露天剧场是一个典型的公共空间，可以理解为早期的观演建筑空间。为了使公民都能够观看戏剧表演，露天剧场的规模一般都很大，可以容纳数千人乃至万人以上。体育场馆同样是城邦重要的公共生活空间。体育竞技是希腊人表现其竞争精神的最主要形式之一，如奥林匹克运动会。奥林匹克运动场遗址是早期的体育建筑空间。

二、公共空间的含义

广义的公共空间是指相对于私密空间以外的所有场所。从城市环境角度出发，公共空间主要是指公民使用频率比较高的空间，如，城市广场、步行街、公园等场所；从哲学与社会学的角度来看，公共空间同等与公共领域，是介于国家和社会之间的一种空间，公民可以在这个空间中自由参与公共事务而不受干涉；在建筑学范畴，公共空间是指有管理人或控制人，在人员流动上具有不定性的一定范围的空间，或者称不特定多人流动的特定管理或控制空间。

公共空间首先必须具备公共性，赫曼·赫茨伯格（Hennan Hertzberger）认为"公共（public）"和"私有（private）"的概念在空间范畴内可以用"集体的（collective）"与"个体的（individual）"两个术语来表达。第一，从使用的角度看，属于公民集体活动的空间才真正具有公共空间的意义，如剧院空间、城市广场、居住区的门厅等，这些都不是个体拥有的空间；第二，从公共领域角度看，公共空间具有共同性，体现在公共空间作为城市公共生活的场所；第三，公共空间是作为一个"空间"的概念出现的，"空间"一般是指由结构和界面所围合的供人们活动、生活、工作的空的部分。空间是物质存在的客观形式，由长、宽、高三个维度表现出来。正如老子在《道德经》中对空间的描述："凿户牖以为室，当其无，有室之用。故有之以为利，无之以为用"，其形象地描述了空间的物质性特点。

三、公共空间的外部与内部

公共空间的外部与内部是两个不同的概念，从空间形式上讲它们既有各自的独立性又有相互联系。

公共空间的外部是公共空间内部的外部环境，日本建筑师芦原义信在他的《外部空间设计》一书中有过这样的描述："外部空间的形成空间基本上是由一个物体同感觉它的人之间产生的相互关系所形成的。这一相互关系主要是根据视觉确定的，但作为建筑空间考虑时，则与嗅觉、听觉、触觉也都有关。即使是同一空间。根据风、雨、日照的情况，有时印象也大为不同。"

公共空间的内部是指建筑物内部空间中供公众使用的部分。公共空间的内部包括文化建筑空间、商业建筑空间、办公建筑空间、酒店建筑空间、医疗建筑空间等公共建筑物的内部空间。另外，在相对较私密的住宅建筑物中，具备公共性的门厅、过道、楼梯等也属于内部公共空间的范畴。

公共空间的外部与内部具有一定的相关性。公共空间的内部是建筑物的延伸和深化。建筑物重视建筑自身在自然环境中的地理位置、气候条件、对自身结构关系、材料、构件的设计，而公共空间的外部也要考虑上述因素，如朝向、光线、室外温度对室内的影响、室外景观及流动景观等。要考虑将室外的、可用的因素用于室内。公共空间的外部与内部在一定程度上具有很大的互动性，即室内与室外空间环境的融合，如商业空间的橱窗作为过渡空间的形式是联系室内、室外的桥梁。

四、公共空间与室内设计的关系

室内设计，即对室内环境的设计。室内环境是与人们关系最为密切的空间，室内设计的风格通常也是一个时期的社会物质生活和精神生活特征在宏观上的反映。随着社会的不断发展，不同时期的室内设计，其在风格上也明显地表现出其所处的时代特征，因此，室内设计的风格变化也能够反映出历史的发展变化。从宏观上来讲，室内设计的构思、工艺、材料等都受到了当时所处时代的物质水平的影响，室内设计的空间设计、布局、处理也会受到当时的美学观念、民族风俗等社会文化因素的影响。从微观上来讲，室内设计与设计者个人的专业素养等因素有着密切的关系。所谓的室内设计，就是设计者根据建筑物的用途和所处的环境，结合建筑美学原理与一定的技术手段，创造出能够满足使用者物质使用需要和精神需求的、舒适的、优美的室内环境。因此，室内设计不仅要求满足使用需求，更应该体现出一定的文化和精神内涵。

从室内设计的目标上来说，使室内空间满足使用者的物质需求和精神需要是其核心内容。因此，对于室内设计来说，必须秉持以人为本的原则和理念，以人为核心，围绕人的需求设计和创造室内空间。对于室内设计来说，从整体上把握室内空间具有重要的意义。具体来说，就是要把握好以下几个方面，即室内空间的使用性质、周围环境状况和经济投入。在这里需要特别指出的是，把握经济投入对室内设计来说具有重要的意义，这是因为，一方面，进行室内设计时，需要使用一定的物质技术手段，涉及材料、设备等，这些都需要成本考量；另一方面，对于室内设计来说，其主要以建筑美学为理论基础和指导，而建筑美学虽然与雕塑、绘画等艺术在美学原则上存在一定的共同点，但是，建筑美学同时还具有一定的实用性特点，需要与经济、技术等因素相联系，这也是其与雕塑、绘画等纯艺术之间的区别所在。

总体来说，室内设计既具有艺术性特点，同时也具有技术性特点。而且随着现代技术的科学和技术的不断发展，其逐渐与新兴学科产生交叉，如人体工程学、环境心理学等，这使得室内设计在现代逐渐发展成为一门独立的学科。

在环境问题日益严峻的现实面前，现代技术的运用成为室内设计必不可少的条件，现代技术不但可以使室内环境在空间形象、环境气氛等方面有新的创举，给人以全新的感受，而且可以达到节约能源、节约资源的目标，是当代室内设计中的一种重要趋向。公共空间作为室内设计的有机组成部分，遵循室内设计的核心目标，由于公共空间功能的多样性、形式的多元化及人文环境的全球化，必然会产生公共空间环境设计人性化的要求，但不管环境设计的风格、手法如何丰富，都应注重"人"在空间环境中的参与作用，这是时代发展的必然趋势。多元发展并不是各种风格、各种思潮毫无节制地共同存在，而是指其中必定蕴藏着起支配作用的主导思想，这是公共空间设计的不变原则，也正是我们要把握的设计理念。

五、公共空间与艺术的关系

公共空间是人们进行公共活动的场所，人们的公共活动，除了物质活动之外，也包括精神活动。在公共空间漫长的历史发展过程中，人们为了追求自我在精神需要上的满足，形成了一定的审美习惯。人们会用自身的审美观点对审美对象进行欣赏和评价，并且这种审美具有一定的倾向性。因此，伴随着人们的审美互动，空间也成为人们的审美对象，被人们赋予了审美的属性，空间艺术逐渐产生和发展。空间艺术作为一种艺术形式并不像其他艺术形式那样直接，而是一种蕴含在空间和环境之中的间接的艺术形式。空间艺术是通过空间的构成向人们传递其艺术感染力的。

除了是一种艺术形式，公共空间也是一种文化。公共空间是人们进行公共活动的重要载体。因此，人类各种的文化现象都发生在公共空间之中。公共空间不仅可以通过空间构成表达出自身的文化形态，同时也能作为载体，反映发生在其中的人类文化。从物质性的角度来说，公共空间是某一地区在特定时期下的科技水平的反映，公共空间的材料、设备、结构等都是当时最先进的科技水平的反映。因此，透过公共空间，就能够了解到当时当地的物质文明水平。从社会属性上来讲，公共空间也是人类精神文明的反映。例如，在公共空间设计中所涉及的雕塑、绘画艺术等，这些艺术形式的运用，能够在公共空间中创造出一定的形象，通过形象的创造表现出一定的内涵，营造一定的意境，从而实现公共空间与人类精神世界的沟通和联系。作为人类社会特定的产物，人类社会的各种特征都会反映在公共空间之中，因此，公共空间的审美并不是孤立的，其会受到人类各种社会文化因素的影响，如民族、宗教等因素。在不同因素影响下的公共空间，也会表现出明显的差异。

公共空间既是受功能制约的使用空间，也是受审美制约的视觉空间，因此，在理解公共空间时，可以将其作为这二者的综合。对于公共空间来说，虽然并不要求所有的公共空间都达到艺术的高度，但是能够给人们带来一定的精神感受，使人们能在公共空间中获得视觉和感官上的享受，这也是对公共空间的基本要求。因此在创造公共空间时，必须遵循一定的美学原则。美学是一门高度抽象和复杂的学问，而人类在审美上则存在着极大的差异。因此，从这一点上来说，形式美学的原则与审美观念实际上属于不同的范畴，既不可将其混为一谈，也不可用一方来否定另一方。形式美学具有普遍性、永恒性和必然性的特点，而审美观念则同社会文化的发展不断地发生变化。这就表明形式美学是绝对的，而审美观念是相对的。在公共空间设计中，应将绝对的形式美学寓于相对的审美观念之中。将古典的公共空间和现代的公共空间进行对比可以发现，无论是古典的还是现代的公共空间，其都遵循着形式美学的原则。但是在具体的处理上，由于审美观念的不同，其所采取的方式也是不同的。以比例为例，古典的公共空间遵循严格的比例关系，而现代公共空间则挣脱了比例的束缚，通过对比的比例关系，创造出了大量独具特色的公共空间形象。

第二节　公共空间的发展

一、公共建筑的由来

从公共建筑的由来上讲，可以将北京猿人居住的岩洞作为我国最早的公共空间。在远古的旧石器时代，先民们普遍将洞穴作为聚居的场所。在我国古代文献中，曾有巢居的传说，这一时期，人类建筑还处于萌芽期。当历史发展到距今六、七千年时，我国进入了氏族社会，在这一时期，先民们开始居住于房屋之内，这一时期房屋遗址的大量出土也证明了这一点。我国幅员辽阔，生活在不同区域的先民，由于其所处的地理和气候环境的不同，产生了形式各样的房屋。其中，长江流域的干阑式建筑和黄河流域的木骨泥墙房屋是这一时期最具代表性的两种房屋形式。

在原始社会，建筑的发展是极为缓慢的。先民们最早建造的是穴居和巢居，经过漫长的历史发展，先民们逐渐掌握了在地面建造房屋的技术，并创造出了原始的木架建筑来作为居住和公共活动的空间。

随着考古工作的进展，祭坛和神庙这两种祭祀建筑也在各地原始社会文化遗存中被发现。浙江余杭区的两座祭坛遗址分别位于瑶山和汇观山，都是由土筑成的长方坛，内蒙古大青山的辽宁喀左县东山嘴的三座祭坛则是用石块堆成的方坛和圆坛。这些祭坛都位于远离居住区的山丘上，说明对它们的使用范围并不限于某个居住地，而可能是一些部落群所共有的。中国最古老的神庙遗址发现于辽宁西部的建平县境内，这是一座建于山丘顶部的、有多重空间组合的神庙。

这一批原始社会公共建筑遗址的发现，使我们对五千多年前神州大地上先民的建筑水平有了一定程度的了解。这一时期的先民们，为了祈求平安与丰收，会对神灵进行祭祀，先民们对神灵的虔敬也影响了其对于建设的设计与建筑。在这种观念的影响下，先民们开始建造超常形式的建筑，沿轴线展开的多重空间建筑组合的建筑装饰艺术由此逐渐诞生。建筑装饰艺术的诞生在建筑发展的历史中具有重要的意义。建筑装饰艺术的出现表明，建筑已经不再是单纯的物质生活手段，也同时成了社会意识的物化表达，自此之后，建筑无论是从技术，还是从艺术上，都开始朝着更高的层次发展。

二、公共建筑的发展

"建筑是凝固的音乐"，是历史的画卷，是一个特定时期政治、经济、文化、科技、宗教和艺术精神的集中体现。在人类文明社会中，建筑不仅是人们抵御风雨、寒暑和野兽袭击的栖身之所，也是人们从事各种社会活动的场所。因此，通常情况下可以将建筑分为居住、工业、公共三种类型。其中，公共建筑作为人类从事社会活动的场所，其不仅有着丰富的内涵，同时在建筑的类型上，也是最为丰富的。

（一）中国公共建筑沿革

宫殿、坛庙、陵墓是古代为帝王建造的最隆重、最宏大、最高级的建筑物，它们耗费大量人力、物力和财力，集中表现了古代人民在建筑技术和建筑艺术方面的创造力，代表了一个历史时期建筑文化的最高水平。尽管这些建筑和现代意义上的公共建筑内涵不尽相同，但其艺术形式和技术水平却为公共建筑的发展起到了示范作用。

在奴隶社会里，大量奴隶劳动和青铜工具的使用使建筑有了巨大的发展，出现了宏伟的都城、宫殿、宗庙、陵墓等建筑。随着城市的形成，出现了最早的生活环境的组织形式，即奴隶主实行的土地划分的"井田制"，将土地划分为犹如"井"字的棋盘式地块。地块的中央是公田，四周是私田和居住群。《周礼》记载："九夫为井，四井为邑。"邑、里供奉社神的地方称为

"社"，这里的"社"就是居民们祭祀或举行宗教仪式的场所。

　　发展到封建社会，"里坊制"则成为主要的城市和乡村规划的基本单位与居住管理制度的复合体。其把将全城分割为若干封闭的"里"作为居住区，将商业与手工业限制在一些定时开闭的"市"中。这一时期，佛教的传入与发展也使宗教建筑规模日益扩大。进入唐代，经过唐初的休养生息，商业与手工业发展迅速，公共活动愈加丰富，除了祭祀及宗教活动之外，商业活动也日益丰富起来。

　　到了北宋时期，商业和手工业的进一步发展，单一居住型的"坊""里"制度已不能适应社会经济的发展和城市生活方式的改变。渐渐地，原来的"坊里"组织形式被商业街和坊巷的形式所代替。城市中有很多常设的、定期的集市。"宵禁"被取消，坊墙也被商店所代替。商业活动以街市为纽带，商业街夜市纷列，住宅直接面向街巷，并多与商店、作坊混合排列。北宋后期都城东京（汴梁）就是典型的代表。

　　明清时期的北京城是我国封建社会后期的代表城市，虽然城市在总的规划布局、道路分工等方面有了进一步的发展和完善，但由于当时生产力发展相对缓慢，城市居住区的组织形式并没有突出的变化。但由于商业活动日益丰富，公共活动场所的类型有所增加，城内除分布各处的寺庙、塔坛、王府、官邸外，其余均为民宅、作坊和商业服务建筑。

　　从16世纪到18世纪，外国传教士来华建立教堂，对外贸易机构在广州设立"十三夷馆"，并于长春园内建造西洋楼，从此中国国土上陆续出现了一些近代西式建筑。但由于数量很少，并未在当时产生多大的影响。

　　在1840年鸦片战争之后，国门大开，随着中国封建经济结构的逐步解体，以及资本主义生产方式的产生和发展，中国建筑面临着近现代化进程。在通商口岸城市里，一些租界和居留地形成了新城区，这些新城区内出现了早期的外国领事馆、洋行、银行、商店、工厂、仓库、教堂、饭店、俱乐部和花园洋房。

　　19世纪90年代前后，大批西方建筑相继在中国出现，近代新建筑类型和新建筑技术的被动输入和主动引进加速了中国建筑的变化。工厂、银行、火车站等为资本输出服务的建筑规模逐步扩大，公共建筑类型日益多样化。居住建筑、公共建筑、工业建筑的主要类型已大体齐备，可以说新建筑体系已经形成，只是这些新体系还只是当时西方同类建筑的"翻版"。

　　近代公共建筑在20世纪前，基本上仍停留于封建社会的类型状况，新建筑数量较少，仍以城镇中的旧式商业、服务行业建筑为主，进入20世纪后，在大、中城市逐渐出现了行政、会堂、金融、交通、文化、教育、医疗、商业、服务行业、娱乐业等公共建筑新类型。在这些新公共建筑中，建筑空间的功能状况改观了，建筑规模扩大了。如1928～1931年在广州建造的拥有5000个席位的中山纪念堂，1934年在上海建造的能容纳6万观众的江湾体育馆，20世纪20年代前后在上海相继建造的先施公司、永安百货等包括百货商店、游乐场、酒楼、旅馆体的大型综合性建筑等。

（二）西方公共建筑的沿革

西方社会中大规模的建筑活动亦开始于奴隶社会，当时建筑文化发达的地区有埃及、西亚、波斯、希腊和罗马，其中希腊和罗马的建筑文化被传承了下来，成为欧洲建筑的渊源。

20世纪现代建筑运动的中心人物西格弗雷德·吉迪恩（Sigfried Giedion）在他的著作《空间·时间·建筑：一个新传统的成长》中叙述了建筑中存在的三个空间概念：第一个空间概念是雕刻式建筑的概念，美索不达米亚、古埃及、古希腊建筑都受此概念支配。第二空间概念是具有内部空间的建筑概念，由罗马人创造，对内部空间的拓展研究一直延续至18世纪。第三个空间概念是第一与第二个空间概念的结合，出自20世纪现代建筑运动。

无论是美索不达米亚、古埃及还是古希腊，它们的公共建筑基本上都表现为宗教建筑——神殿或神庙。宗教行为的履行地成为人们交往的理想场所。古希腊的人们举行宗教仪式时并不进入神殿的内部，而是在其周围露天举行。因此古希腊的建筑师、雕塑家们的技艺和热情都倾注在柱式、山墙与浮雕上。

古希腊被罗马帝国征服后，却用其文化征服了罗马。罗马很大程度上继承了希腊的建筑风格。根据建筑史的一般说法，希腊建筑只有外部形态，至罗马时期才有了内部空间。或者说是古罗马人出于对于人的重视、对于世俗生活的重视，使得他们开始进入并感受建筑的内部空间。古罗马建筑在建筑形式、技术和艺术方面广泛创新，公元1至3世纪为古罗马建筑的极盛时期，达到了西方古代建筑的高峰。古罗马建筑的类型很多，有罗马万神庙、维纳斯、罗马庙及巴尔贝克太阳神庙等宗教建筑，也有皇宫、剧场、角斗场、浴场及广场和巴西利卡（长方形会堂）等公共建筑。可以说，这个时期的公共建筑得到了空前发展。

在罗马帝国灭亡后约一千年的历史中，人性遭到压抑，无论是绘画、雕塑还是建筑都是以基督教为核心，这一时期教堂建筑成为最为重要的公共建筑。中世纪神学家追求静态的、固定的体系，以神为绝对唯一的存在，以精密、静止、固定的层进体系证明是神创造了生命，这是中世纪神学，也是哥特式建筑存在的基础。其中最为著名的有法国的亚眠教堂、英国的索尔兹伯里教堂、德国的科隆教堂、意大利的米兰大教堂等。这一时期意大利的世俗建筑也得到了发展，在许多富有的城市共和国里，建造了许多有名的市政建筑和府邸。市政厅一般位于城市的中心广场，粗石墙面，严肃厚重，多配有瘦高的钟塔，建筑构图丰富，成为广场的标志。城市里一般都建有许多高塔，总体轮廓线条很美。威尼斯的世俗建筑有许多杰作，圣马可广场上的总督宫被公认为中世纪世俗建筑中最美丽的作品之一。文艺复兴时期的建筑艺术不仅表现在富丽堂皇的宫室、庄严神圣的教堂这些大型建筑上，在其他建筑上也表现得一览无遗。意大利文艺复兴时期，建筑物逐渐摆脱了孤立的单个设计和相互间的偶然组合，而逐渐注意到建筑群的完整性，使得广场建筑群得以发展，这也是克服了中世纪的狭隘，恢复了古典传统的标志，对后世有开创性意义。从另一个角度讲，广场建筑群的发展也意味着公共活动的丰富。

17 世纪的资产阶级革命意味着人类从封建社会开始向资本主义社会过渡，到 19 世纪中叶，资本主义生产方式迅速地扩展到全世界，与之相适应的建筑形式也日益丰富，公共建筑的类型日趋完备，同时该建筑体系也扩散到了世界各地。

20 世纪初期，工业技术迅速发展，新的设备、机械、工具不断出现，极大地促进了生产力的发展，同时对社会结构也造成了较大的冲击。新型城市、人口的激增导致城市住宅紧缺。伴随着城市发展而来的新型的厂房、学校、医院都对建筑形式提出了新的要求，使得传统建筑的构造方式已跟不上时代的发展。

19 世纪末以来，已经在新的建筑材料和新的技术发展上取得了较大的进展。三种新型的建筑材料——钢材、水泥和平板玻璃已逐渐取代了传统的石材、木材和砖瓦。1851 年伦敦世界博览会的水晶宫为现代建筑提供了一个范例，建筑界开始倾向于使用新材料、新造型、新的建造方式，从而构建随之出现的新的空间形式。

现代主义建筑的先驱们，如德国的格罗比乌斯、密斯·凡德罗，瑞士的勒·柯布西耶，芬兰的阿尔瓦·阿尔托，美国的弗兰克·赖特，他们的设计实践和理论奠定了现代建筑的基础。特别是格罗比乌斯在德国创立的包豪斯设计学院更成为现代主义建筑的摇篮。虽然这所学校于 1933 年被纳粹政府强行关闭，但它对现代主义建筑却产生了巨大的、深远的影响。20 世纪 30 年代末，为了躲避欧洲的战火和纳粹政府的迫害，包豪斯学院的领导者和师生们纷纷从欧洲移居到美国，从而也将这种建筑思想带到了美国。等到战争结束后，他们通过教育、设计等方面的实践，在美国强大的经济实力的基础下，将包豪斯发展出了新的风格，即国际主义风格。

现代的空间形式重现了哥特时期对空间连续性和结构轻盈的要求，同时也利用了巴洛克尝试过的波状墙面和容积的动势效果。在许多厂房和公共建筑中，例如学校、医院之内，现代建筑采用了文艺复兴时期划分的格律，恢复了文艺复兴时期对格律效果的赏识。可以说，以往各个时代对于建筑空间的追求在现代强有力的技术保障之下都不再是难以克服的问题，以前的许多空间创造成果在现代建筑中重新出现时都呈现出一种新的艺术面貌。不但如此，现代建筑运动还继承了文艺复兴时期和巴洛克范例中丰富个性的表现方法。

第三节 公共空间的类型

一、公共空间分类的理论

公共空间是人们进行社会活动不可缺少的环境和场所，其涵盖的社会内容是最丰富的，所包括的空间类型也是最多的，因此我们可以从建筑空间、室内设计和空间规模这方面对其进行分类。按照建筑空间概念分类，公共空间通常可以分为商业、办公、医疗、体育、展览等类型。按照室内设计，公共空间通常可以分为限定性和非限定性两种类型。其中，限定性公共空间主要是指学校、幼儿园、办公楼及教堂等建筑物的内部空间，非限定性公共空间主要是指旅馆饭店、影视院、娱乐空间、展览空间、图书馆、体育馆、火车站、航站楼、商店及综合商业设施。按照空间规模类型，公共空间通常可以分为大、中、小三种类型。其中，大型商场、体育场馆等就属于大型公共空间，这类公共空间由于空间较大，通常具有空间尺度大、开放性强的特点。办公室、教室等则属于中型公共空间，这类公共空间首先要满足的就是个人的空间使用需求，在此基础上再做到对公共事务行为的要求。在发展过程中，中型公共空间还有向大型公共空间发展的趋势，例如办公室空间为了提高工作效率，就发展出了庭院式的办公空间。客房、档案室等则属于小型公共空间，其由于空间较小，具有较强的封闭性。

由于使用性质和特点的不同，各类建筑在公共空间的设计上也有着不同的侧重点，对于空间设计的艺术和工艺也都提出了特定的要求。例如对于宗教性建筑来说，其公共空间设计的要求侧重于精神功能的发挥，而对于工业建筑来说，其空间设计则对其在物理环境上提出了较高的要求。

对于公共空间进行分类的意义就在于在进行设计时，能够明确空间的使用性质和功能，做到定位准确。再有就是以公共空间的使用功能，作为空间风格、色彩、照明、装饰材料等设计和选择的原则，实现公共空间物质功能与精神功能的统一。例如宾馆大堂空间与剧院空间相比较，前者强调功能分区的合理性和空间环境的华丽氛围，后者侧重于声学方面的要求，造型上追求形式与功能的结合。

二、公共空间类型的划分

公共空间的要求也不一样，因此可以从不同角度对公共空间进行分类。

以使用的性质来划分的话，可以分为：限定性室内公共空间（如学校、办公楼等）和非限定性室内公共空间（如旅馆、饭店、影剧院、娱乐空间、展览空间、图书馆、体育馆、车站、商店等）。

根据空间的使用群体划分，可以分为：集体性公共空间（如学校、医院、办公楼等）、开放性公共空间（如宾馆、酒店、影院、商场、车站等）和专门性公共空间（如汽车、飞机、船舶等体内空间设计）。

根据室内公共空间的性质和基本用途可以分为：办公类、商业类、餐饮类、娱乐休闲类、展览类等典型公共空间，如表 1-1 所示。

表 1-1　空间类别及典型空间类型

空间类别	典型空间类型
办公空间设计	行政性办公空间、专业性办公空间、综合性办公空间
商业购物空间设计	商场环境、专卖店环境
餐饮空间设计	中餐厅、西餐厅、宴会厅、自助餐厅等
娱乐休闲空间设计	酒吧、影院、歌舞厅、KTV、健身房、棋牌室、洗浴中心等
展示空间设计	博物馆类、展览会、博览会等

第四节　公共空间的构成

一、公共空间的功能构成

公共空间根据使用功能的不同分为办公类、商业类、餐饮类、娱乐休闲类、展览类几类典型的空间类型，每一类空间类型根据其使用功能的要求，由各个不同的功能空间组成，掌握每一类公共空间的功能空间组成对于进行相应的公共空间设计具有重要意义。

（一）办公空间的功能空间构成

随着社会的进步，人们的生活方式和工作方式都有了明显的变化，以现代工作理念和现代科技为依托的办公环境不断地为适应人的需求而变化着；另一方面，办公空间设计带来的办公模式多样而富有变化，在办公环境、行为模式方面，让人们从观念上增添了新的内容和新的认识。

办公空间根据其功能通常划分为以下几个功能区域，每个大的功能区域又可细分出各个局部功能空间，如门厅、接待室、会议室、资料室、员工休息室、卫生间设计等。

1. 主要办公空间

主要办公空间是办公空间的核心功能区域，其通常按照空间面积的大小进行划分。主要办公空间的划分、特点、功能如表1-2所示。

表1-2　主要办公空间的划分、特点、功能

类型	空间面积	特点	功能
小型办公空间	$40m^2$ 以内	私密性、独立性较强	适用于专业办公、管理办公
中型办公空间	$40 \sim 150m^2$	内部联系紧密，且外部方便	适用于团队型办公
大型办公空间	$150m^2$ 以上	内容空间具有一定的独立性，分区灵活，内部联系紧密	适用于多个团队就同一作业的合作办公

2. 公共接待空间

公共接待空间是办公空间中用于各类接待、会议等活动的功能区域，在公共接待空间中，通常设有不同规格的接待室、会客厅、展示厅、报告厅等。

3. 交通联系空间

交通联系空间即办公空间内联系各个功能区域的交通空间，其又分为水平交通联系空间和垂直交通联系空间两种类型。其中，前者主要指门厅、大堂、走廊等，后者则指各类楼梯和电梯。

4. 配套服务空间

配套服务空间是为办公空间提供各种配套服务的功能区域，如资料室、档案室、茶水间、后勤部门等。

5. 附属设施空间

附属设置是为了保证办公空间正常运行的附属设备的布置区域，如配电室、中控室、各种机房等。

（二）商业空间的功能空间构成

商业空间涉及的使用范围很广，不同的业态空间在功能和设施的设置上

会有较大的差异，但从空间与服务性质的关系上来区分，都有直接和间接的区别。因此，一般均可在空间功能上将其区分为"直接营业区"和"辅助营业区"。每个区域的具体功能空间构成如表1-3所示。

表1-3　不同商业空间的空间功能分区表

业态类型	零售业		餐饮业		其他服务业	
业态形式	日常生活用品店、文化体育用品店、服饰用品店、家用电器店		餐厅、酒吧、茶馆、咖啡厅、饮料店等		美容美发、休闲娱乐、SPA会所等	
空间功能分区	直接营业区	间接营业区	直接营业区	间接营业区	直接营业区	间接营业区
	引导区：外立面、入口、橱窗 商场区：收银台、货架、橱柜等销售设施及顾客休息区、化妆室等服务性设施	商品储藏、配货区、内部管理区	引导区：外立面、入口、接待等候区 就餐区：散席及包房、衣帽间、化妆间等辅助服务设施	厨房与管理（包括仓库和冷藏）两大部分	入口引导区、接待等候区、贵宾房、衣帽间、化妆间等	储藏室、设备区、内部的管理室等

（三）展示空间的功能空间构成

展示空间即用于举办各类展示活动的空间，其主要由以下三种类型的空间构成。

1. 公众空间

展示空间的公共空间即公共共同使用和活动的空间区域，包括各类交通空间、休息场所等。展示空间的公共空间在设计上应保证一定的面积，既能够保证参观者流畅的进出，以及来回观看，同时也要提供一定的区域，供参观者休息和交流。

通道是公共空间中的关键部分，通道的通畅程度直接的关系到参观者的参观是否顺利，以及展品展示的信息是否能够有效地传递给参观者。一旦展示空间的通道设计不合理，就会导致人流的不畅，造成展示效果好的地方人流拥挤，展示效果不好的地方人流稀少。因此，在设计通道时，要充分考虑参观者的人数、参观者的观看与流动、展品的性质与陈列方式、展品的观赏效果与通道之间的关系等，对通道进行科学合理的设计。

2. 展示空间

展示空间即用于陈列和展示展品的空间，是展示空间的主体部分。对于展示空间的设计来说，必须要达到良好的视觉效果，具体来说应做到两个方面，一是能够吸引观众的注意力，二是能够有效地向观众传达信息。展示活动中的各类产品在大小、形状、颜色等方面应有所不同，这些因素也是设计展品展示空间样态，以及选择展品陈列方式的重要依据。

在展示空间的设计中，对人、展品、空间三者关系的处理十分重要。展品的空间、陈列等都必须符合人体科学，满足人体在观看时的视觉需要。对于安排现场演示的展品，还应该在其周围设置栅栏对演示区域进行围合，并为演示区域与观众之间的互动留出一定的空间。与办公空间需要满足使用者需求的设计不同，展示空间的设计首先要满足的是参观者的需求，要给参观者提供良好的参观体验。这就对展示空间的设计在流动性和视觉上提出了要求。因此，对于展示空间的设计来说，就是要在保证交通空间功能的基础上，重点展示空间，加强对参观者注意力的吸引和兴趣的调动。

3. 辅助空间

辅助空间指除上述两种空间之外的空间，其功能在于辅助展示活动的顺利进行。辅助空间又可以分为以下几个部分。

（1）接待空间

接待空间即用于供展示企业与顾客进行交流的空间，尤其对于贸易洽谈会等展示活动来说，接待空间的设计尤为重要。接待空间的设计，不仅能够体现出参展商积极、主动、真诚的态度，表现出参展商与客户进行沟通的欲望。同时，也能够激发顾客主动了解参展商品的兴趣，吸引顾客主动与参展商进行交流。接待空间通常设置在整个展示空间的结尾处，接待空间的设计，必须与整个展示空间的风格相统一。

（2）工作人员空间

工作人员空间即专门供展示活动的工作人员工作和休息的区域。

（3）储藏空间

储藏空间即用于存放展示活动所使用的各类物品、道具等的空间。为了保证展示活动的效果，储存空间的设置通常要具有一定的隐蔽性，不能轻易为公众所察觉。

（4）维修空间

维修空间即用于对展示活动中的各种设备进行维修的空间。维修空间应与其他空间有所隔离，并且应在维修空间的周围建立完善的安全措施，防止维修活动中产生的噪音等对展示活动造成干扰和影响。

（四）娱乐休闲空间的功能空间构成

娱乐休闲类空间的内部按照功能一般可分为接待区、娱乐休闲区、吧台饮品区、服务区、设施设备区等。

1. 接待区

接待区是顾客进入空间的第一印象，对整个空间氛围的营造具有重要的作用。接待区一般由接待台、企业标志、招牌、客人等候区等部分组成，接待区应该利用造型、色彩、装饰等来表现出对参观者的吸引力，要整洁、井井有条，让顾客对整个空间留下一个良好的第一印象。接待区在满足基本功能的基础上，应该预留出相应的接纳空间，同时可利用灯光光影、背景音乐和动态的空间形式突出空间气氛，引导顾客进入空间内部。

2. 娱乐休闲区

娱乐休闲区是娱乐休闲空间的核心部分，其通常有大厅和包房两种形式。在娱乐空间中，通常设有屏幕、舞台、观众席及各种吧台和座椅等。娱乐休闲区的空间通常根据娱乐休闲活动的类型进行设计，例如，对于酒吧之类的场所，其休闲娱乐活动具有较强的互动性，因此通常以表演舞台为中心，观众席围绕舞台设计；对于电影院等场所，其提供的是欣赏性的娱乐活动，因此其空间通常与荧幕和舞台相对；对于 KTV 之类的场所，其顾客通常组成一定的单位进行团体娱乐互动，因此针对顾客的娱乐需求，通常采用包房式的设计形式，将不同的顾客单位分隔开来。

3. 吧台饮品区

吧台饮品区也是娱乐休闲空间中必不可少的一个功能空间，其主要是为客人提供饮食、饮食和休息的区域，常见的吧台饮品区有超市、酒水吧、小型厨房等。由于涉及饮食，因此吧台饮品区必须保证良好的卫生条件，特别是对于酒吧来说，吧台饮品区是其核心空间，因此在设计吧台饮品区时，必须将其设置在最明显的位置，使顾客无论处于何处，都能够快速找到吧台饮品区，并较为便捷地到达此处。

4. 设施设备区

休闲娱乐场所都配有一定的娱乐设施设备，如酒吧中的舞台灯光设备、KTV 中的音响设备、电影院的荧幕设备等。这些设施设备通常都需要专门的空间进行放置，放置这些设施设备的区域即为设施设备区。设施设备区的设计通常要注意两个方面，一个是设计的尺寸，另一个是需要为各种管线预留位置。

二、城市商业的构成与分布

（一）城市商业

商业活动是城市的重要功能之一，居民购买各类日常生活必需品就属于商业活动的一部分。即使是在农业与手工业社会中，也有商业活动的存在，并建设有专门用于商业活动的集市，同时在城市中还可以初见发展出来专门的市场、商店和商业街。到了唐代，我国的经济有了极大的发展，在当时的首都长安，就设置有专门进行集中贸易活动的东市和西市。到了宋代，我国的经济进一步发展，到了北宋后期，城镇中已经出现了专门的商业网点和商业街。宋代名画《清明上河图》是一幅描绘当时都城汴梁的画卷，其表现了当时汴京繁荣的商业活动。到了南宋，在临安（今杭州），各种商铺遍布全城，商业街也根据行业集中经营，一些服务行业也逐渐出现。

可以说，商业区在城市的出现是社会经济发展的必然，而工业化则促进了城市商业实现进一步的发展。例如，随着工业革命的开展，欧洲的城市也得到了快速的发展，发展水平的提高，使得城市出现了卫生、安全、建筑等方面的管理需要，城市分区的观念逐渐产生。德国的法兰克福是最早对城市建设进行分区规定的城市，早在 1984 年，法兰克福就开始对城市进行分区建设，最早分为工业、商业、住宅、混建等四个区域。自此之后，世界各国的其他城市，也逐渐开始对城市进行分区，并在城市建设中对商业区进行规划和建设。

（二）现代城市商业区的内容、分布及形式

1. 城市商业区的内容

商业区是整个城市中商业活动最集中的区域，除了商业零售的这一主体商业活动之外，还有各种配套服务，包括餐饮、娱乐等，此外，还包括金融、商贸等行业。商业区内的各种建筑通常也会进行上述各种活动，如商业中心、购物中心、银行、办公楼、商务酒店、餐厅等。

2. 分布

商业区的位置及其规模与城市的经济活动需求及居民的消费需求都有着密切的关系。若城市人口较多且较为密集，通常其商业区的规模也比较大。对于商业区等级的划分，通常依据的是其服务的人口规模和影响的范围，如大、中型城市较大规模的商业区可以达到区级，而小城市的商业区只能达到市级，居住区附近的商业空间只能称为商业网点。

3.形式

通常来说，商业区位于城市的中心位置或者是城市分区的中心。此外，一些城市主干道周边及其他交通便利的地段也有商业区分布，商业区分布于此主要在于其便利的交通，城市居民能够较为便捷的到达。城市商业建筑的分布主要有两种形式，一种是沿街开发，另一种是占用整个街道开发。现代城市商业建筑的设计，通常将这两种方式进行结合。西方国家由于经济发展较早，其商业区的建设也较为发达。商业区中不仅有来自本地与外地的人开展各种经济、文化活动，同时也是日常生活中最为集中的区域。因此，通过观察一个城市的商业区，观察其中的各类活动及建筑风格等，就能够感受到这个城市的活力、文化与特色。

（三）中心商务区

中心商务区也称CBD，是一个国家或大型城市中最主要的商务活动区域，其在概念上也与商业区存在一定的差别。中心商务区的概念最早产生于美国，在当时被定义为商业聚集的区域。此后，随着社会的不断发展，中心商务区逐渐成为一个城市、区域甚至是国家经济发展的中枢。作为城市的中心，中心商务区集合了城市的经济、科技、文化力量，具备金融、贸易、服务等各种功能。为了保证中心商务区各种活动的顺利进行，其还配备有城市最为完善的交通和通信条件。中心商务区不仅是城市经济发展的中枢，还也为城市提供着大量的就业机会。

中心商务区是一个城市要建设为国际化大都市所必不可少的，其也是城市和国家经济发展水平的象征。随着改革开放的深入发展和社会主义市场经济的不断成熟，我国的经济发展取得了极大的成就，在北京、上海、广州也建成了国家级的中心商务区。此外，随着我国城市现代化建设的不断发展，在深圳、重庆、天津、长沙、大连等城市也都建设起了大区级的中心商务区。

第五节 公共空间的空间特征

一、景观化特征

公共空间作为满足人类物质与精神需求的高度统一的空间形态，必须创造发展生态环境，减少工业对环境的破坏，实现空间环境可持续利用的绿色理念。公共空间中的艺术品陈设、绿化，是满足人们追求美的精神需求和向往自然、亲近自然的生理需求，对提升空间品质、增加空间的艺术氛围，以及创造自然气氛有着重要作用。

二、高新技术特征

随着技术的不断发展，在公共空间的设计上，不仅能够通过先进的营造技术，设计和创造出各种形态奇特、变化丰富的建筑，为人们提供更为舒适的空间环境。数字技术的应用也使公共空间实现了数字化和智能化的设计。各类软件及人工智能能够将设计师的设计构思迅速形象化，自动生成设计方案，还能够利用数据模型建设，对公共空间设计中的各种要素进行模拟，增强设计的科学性。

三、信息化特征

公共空间中聚集着大量的无特定人群，因此对于公共空间来说，对人群的引导是其所需要注意的。要实现对人群的引导，公共空间就需要向人群传递和交流信息。一方面，公共空间应提供各种环境信息，以便空间内的人群认识所处的环境，通常来说，可以在空间内设置各种标志牌等引导性的标识，或者通过广播等以语音的形式向人群提供信息；另一方面，则应提供相应的信息服务设施，辅助人们更准确地查询和掌握信息。

四、多元化风格特征

在信息时代的环境背景下，现代公共空间的设计在风格上也逐渐打破了地域和时空的限制，各种设计元素相互交融，空间设计的审美在全球化的条件下也呈现出趋同的态势。

公共空间在形式上有效地结合使用功能和建筑物所处的环境，在空间设计上运用对比、融合、序列、组团等方法，在装饰形式上抽象地运用打散、重组、综合、构成等形式作为表现语言，创造性地使用不同民族和时期的装饰符号、装饰色彩，使得现代公共空间的设计跨越了时空界限，形成了公共空间风格国际化的境地。

第二章 公共空间与艺术设计

公共空间是非官方场域公众聚会场所的总称，它是人类社会化的产物。为了让空间充满活力，就需要为人们在富有吸引力且具有一定安全系数的环境中提供各种需求，公共空间与艺术设计的完美结合正是能够最大限度满足人们不同需求的利器。与此同时，它还在某种程度上反映着人们的地域、民族的物质生活内容和行为特征，并在此过程中充分体现了现代人在各种社会生活领域中所寻求的物质精神需求和审美理想。随着我国经济社会的不断发展，公共空间与艺术设计在我国已成为具有广阔发展前景的新学科，它主要涉及了社会学、民俗学、环境心理学、人体工程学、建筑学、美学等领域。本章主要简述的是公共空间与艺术设计的一些知识内容。

第一节 艺术设计

一、艺术设计的含义

艺术设计，就是结合当今社会中经济、文化、科技等诸多方面的因素，运用艺术形式等诸多元素，设计出适合人们使用的产品与环境，不仅能将其自身使用价值充分发挥出来，同时还能凸显出审美功能。换言之，艺术设计的出现首先是为了服务于人类，从人类生存的空间环境，到人们的衣食住行用品等，都可以进行人为的艺术设计，如此一来便可以将我们现在所生存的社会的精神与物质功能完美结合到一起，使人生更加美好，更有意义。

进入 21 世纪以来，艺术设计已成为一门独立而全面的艺术学科，其涉社会、文化、经济、市场、科技等诸多方面的因素，同时，它的审美标准也随着这些因素而发生着变化。一件造物或环境的设计，能体现出设计者自身综合素质水平的高低，其是设计者表现能力、感知能力、想象能力的具体体现。

（一）关于设计的诠释

1.《工业设计全书》对"设计"的诠释

张道一先生编著的《工业设计全书》对"设计（Design）"一词的含义有较为清晰透彻的理解。

①设计是围绕特定目的而进行的计划方案或设计方案，且它是一个充满思想和创造的动态过程，最终由某些符号（如语言，文本，模式和模型）表示。

②设计一词的含义比较广泛，所以单说"设计"会使人一头雾水，通常在使用该词时需要在它前面加以适当的前缀来进行限定，这样便可以用来表达一个较为完整且准确的意思，如服装设计、计算机程序设计、环境艺术设计等，且只有在特定的语言环境中才将设计前面的修饰词省略。

③设计从某种意义上来看，既可以作名词，又可以作动词，是一个双重性的词汇。如"你去设计一个崭新的灯具造型""这个设计非常有新意"，前面短句中的"设计"是动词，后面短句中的"设计"是名词。

一般来说，"艺术设计"是一种"艺术"设计或设计的"艺术场所"。同时，必须考虑具体的设计对象，根据生产技术条件和生产技术的可行性进行创造性活动，"具体设计对象"指的是产品设计、视觉传达设计、环境艺术设计等不同的设计领域。

2."设计"在汉语中的诠释

在汉语中，"设计"的基本定义被归结为设想与计划。"设计"在《新华字典》中被解释为"在做某项工作之前预先制订方案、图样等"。在汉语中，"设"作为一个动词而存在，有建立、构筑、陈列、假使等含义，可复合为多种词语，如陈设、设计、设置等。在汉语中，"计"这个字既可以作为动词使用，又可以作为名词使用，可复合为多种词语，如作为动词使用时，可复合为"计划""计算"等，又如作为名词使用时可复合为"计谋""诡计"等。

在《现代汉语词典》中，"设计"一词的定义为："在正式做某项工作之前，根据一定的目的要求，预先制定方法、图样等。"简单地说，"设计"就是设想和计划。

（二）艺术设计与现代艺术设计

从词源上看，"艺术"一词最早来源于古拉丁语中的"Ars"，它主要指木工、锻铁工、外科手术之类的技艺或专门形式的技能，同时也与希腊语中的"技艺"相似。追溯到古希腊、罗马时期，当时的人们还没有拥有超过"技艺"之外的关于艺术的概念和认知。现代人所理解的"艺术",是一种具有专业局限性的技艺,就连早期在美学中所谓的"诗学"创作,也属于一种技艺。

昆提良(Kun Tiliang)是罗马修辞学家,他曾把艺术分为三大类:理论的艺术,如影视学、天文学;行动的艺术,如电影的编排、舞蹈等;产品的艺术,可以理解为通过某种技能制作成品的艺术。

托马斯·阿奎纳(Thomas Aquinas)是中世纪美学家,他将艺术定义为"理性的正当秩序","自由艺术"这一术语随之出现,其主要包括语法、修辞、辩证法、音乐、算术、几何和天文学 7 个门类。

邓斯·史考特(Duns Scott)把艺术视为一种"正确观念的产品",以及一种"建立在真实原则基础上的制作能力"。此时属于"艺术"的"自由"性质被逐渐凸显出来。

在文艺复兴时期,艺术家和工匠是同义词。被誉为"文艺复兴三杰"之一的达·芬奇(Da Vinci),并没有因为自己具有极高的绘画天赋而感到激动或骄傲,他更多的是沉浸在自己所设计的飞行器和绘制的机械图表之中。

另一位大家所熟知的文艺复兴时期的大师——米开朗琪罗(Michelangelo),他不仅仅是一位绘画大师、雕塑大师,同时还热衷于建筑设计。

克莱夫·贝尔(Clive Bell)提出了"艺术是有意味的形式"的著名论点,并鉴于此上,发展出了艺术的符号学说。恩斯特·卡西尔(Ernst Cassirer)将艺术定义为一种符号,一种符号语言。

苏珊·朗格(Susan Lange)提出"艺术是人类情感的符号形式的创造",并对这种符号学说进行了更为深入的发展,"在艺术中,形式之所以被抽象化,仅仅是为了显而易见,形式之所以摆脱其通常的功用也仅仅是为获得新的功用——充当符号,以表达人类的情感"。符号学说成为 20 世纪上半叶现代西方艺术理论的主流。

对艺术概念的解释和艺术本质的定义通常需要基于对艺术与技术之间关系的理解。科学美学的创始人之一托马斯·门罗(Thomas Monroe)认为:"从社会和历史的角度来看,人类之所以对艺术家的事业进行赞助,并付给他们酬金,是因为人类发现艺术家的产品具有美或其他方面的价值,而不是为了赋予艺术家表达自己的特权。在确定艺术的性质和功能时,艺术对社会的影响比艺术家的个人需求更重要。"将艺术局限于一个精神的小圈子里是他所反对的,他倡导"艺术作品是人类技艺的产物,它试图成为或已被用作产生满意的审美经验的刺激物和向导,并往往富有其他目的或功能:所有使用和具有该种企图的产品都被称之为艺术品",这种观点已成为能被当今越来越多人所接受的新趋势。

在艺术的定义中有许多理论和学说。所谓的艺术，应该是包括美的艺术和实用艺术，因为艺术是一个极为复杂的现象，它在具有精神性产品的同时，还包含了精神与物质结合的产品，技艺成分必然会存在于艺术之中。

艺术设计实际上是由"艺术"和"设计"这两个词组成的。其中"设计"是中心词，"艺术"是限制词和限定词。艺术设计，不是一般的设计，也不是设计的艺术，它是艺术的设计。

"艺术设计"一词于1998年由教育部在制订高校专业新目录时被正式提出来，结合了以往的环境艺术设计、染织艺术设计、陶瓷艺术设计、装潢艺术设计、装饰艺术设计、室内与家具设计等专业，这便是"艺术设计"。

当今时代的设计主要包括人类对自己所期望的具有创造性产品制作前的构思，以及将这一创新性产品变成实际物品的整个过程。总而言之，它是一种具有创造性的艺术活动。艺术设计直接性地促进了经济的发展，提高了人们的生活品质。随着人们生活水平及文化水平的不断提高，人们对产品的鲜明度、视觉美感等提出了新的要求，换而言之，人们对产品的质量提出了更高的要求，这足以说明艺术设计在此过程中发挥着极大的作用。

二、艺术设计的本质

（一）艺术设计是人类的行为

许多动物可以通过一系列由先天就具备的生物性机能改变个体或群体的行为或生活方式来适应不断变化的生活环境。

马克思在《1844年经济学——哲学手稿》中这样写道："诚然，动物也进行生产。它也为自己构筑巢穴或居所，如蜜蜂、海狸、蚂蚁等所做的那样。但动物只生产它自己或它的幼仔所直接需要的东西；动物的生产是片面的，而人的生产是全面的；动物只是在直接的肉体需要的支配下生产，而人则甚至摆脱肉体的需要进行生产，并且只有在他摆脱了这种需要时才真正地进行生产；动物只生产自己本身，而人则生产整个自然界；动物的产品直接同它的肉体相联系，而人则自由地与自己的产品相对应。动物只是按照它所属的那个物种的尺度和需要来进行塑造，而人则懂得按照任何物种的尺度来进行生产，并且随时随地都能用内在固有的尺度来衡量对象。所以，人也按照美的规律来塑造。"

由此见得，只有人类才能按照预期的目的进行有意识的实践活动，也只有人类才能进行有意识和具有创造性的设计行为。在人们进行生产时，可以遵循任何"物种规模"。例如，人们可以建造蜂箱，猪和狗窝，也可以用来建造各种房屋等，不像蜜蜂，只能创造千篇一律的蜂巢。所有人类历史上的文明产物，不管是物质的、精神的，还是与物质和精神相结合的，都是带有一定目的的创造活动的产物。所以可以说，艺术设计是一种人类特有的行为，是具有创造性特征的、有人类意识的、富有创造性的、自觉的实践活动。

（二）设计的本质是人为事物

柳冠中先生作为一位著名学者，在《工业设计学概论》一书中提出了"人为事物是设计的本质"这一对设计充满影响力的观点。他认为，人类所制造的事物，是在人类不断适应自然，并在此基础上进行自然改造的过程中出现的。在人类发展的特定历史时期，由于人类对自然的理解程度和对社会的理解程度不同，造成其改造自然和社会的手段也有所区别，因此限制性是人类对人为事物的一个明显特征。

限定性主要表现在不同的民族、不同的地区、不同的社会制度不同的文化传统、不同的时代，对适应自然、改造自然以求生存、享受和发展时所用的材料、工艺、技术、生产方式、设计美学等的不同，因而创造出来的人为事物（工具、用品、居住环境等）也是多元的。我们可以理解为，不同的民族、时代、经济模式、社会机制等会产生各种艺术设计，而大部分的艺术设计是完全不同的。

设计已经被广泛融入人类的事物之中，任何一个人都有意识或无意识地设计属于自己的行为方案。设计一般始于人为事物的开端并贯穿于人为事物的全过程。因而人为事物就是艺术设计的本质所在，第二自然、人化的自然，就是艺术设计及其物化形态所构成的。

（三）艺术设计是人类生活方式的设计

从古至今，这种设计将人类从狂野变为文明，从原始社会到后工业社会。从生命开始，人类就开展了许多设计活动。正是这种不间断的设计活动使原始人得以实现，且逐步发展成为今天的现代人。

就目前而言，人类社会已进入后工业时代，从小型生活用具到城市布局、农村建设、环境规划等。设计师必须为人类设计一种健康、合理、愉快的生活方式。因此，从本质上讲，艺术设计是人类生活方式的设计，将对人类的命运和未来发展产生深远的影响。

人类总是将功能性的作用放在设计活动的首位，这主要是因为物品出现的首要任务是为了满足人们生活的实际需求。衣、食、住、行、用，以及形形色色、大大小小的物品是因人的需要而存在的，而这些物品的设计过程就是对其功能进行充分的开发和利用，巧妙地将它们变成与人类生活密不可分的过程。物品设计中的功能性具有以下几个特点。

第一，生理安全感。人们通常会在确定某一物品具有稳定性、适宜合理功能的情况下，才会靠近该物品；反之，若是该物品缺乏安全性，则会激起人们内心的恐惧，最终对其避而远之。

第二，适用性。物品的存在为人类的生活带来了诸多便捷，我们可以用人使用物品时的舒适方便度来判断物品的适用性程度。一般来说，人的眼、耳、口、鼻、身对物品的适应性有一个选择过程，不同的材料、形状、色彩、气味、重量和质感都会使消费者产生敏感的接受过程。因此，在对某物品进行设计之前，设计师需要加强对社会需求的调研，使所设计出来的物品能够实现自身的价值，同时通过设计技术的精确化，充分把握物品在制造过程中的每个阶段，使产品吸引消费者。人们对物品适用性的依赖还在于物品本身的耐久性。质量是体现某一物品适应性的重要标志，这一点适用于任何物品。

第三，简洁性。每一位消费者都希望用最简单的物品解决复杂的问题，这是设计者与消费者共同追求的目标。

三、艺术设计中的感性与理性

艺术设计是具有多样性、多元性和跨界性特点的一门学科，而如今的艺术设计涌现出了各种各样的流派，出现了百家争鸣的局面，纵观各门各派的艺术设计作品，任何能被人们所接受的，其设计理念都是感性与理性的较好融合体。

在进行欧洲哲学介绍时，人们造就了一些专门用语。这些用语包括"感性""悟性""理性""哲学"等，并一直延续至今。从微观角度来看，一件优秀的艺术设计作品应该是达到内在某一高度的统一，而非仅仅是感性或理性的简单堆砌。设计中的感性主要是对设计的主观、直觉、感官等方面更加关注。设计中的理性则主要侧重于客观、逻辑、严谨等内容。两者的关系就像雨水和花朵，花朵需要雨水的浇灌，雨水需要花朵的陪伴，就这样使二者相互交融到一起。我们可以试从认识、思维和审美三个角度来对感性与理性进行探讨，探讨它们是如何交织在一起成就优秀的艺术设计作品的极致之美的。

（一）认识——感性认识与理性认识

在艺术设计初期，所进行的创作生活的积累过程，素材的收集和整理过程应该是一个从感性认知上升到理性认知的过程。

首先，需要对事物进行质化研究；其次，需要将其量的规律性进行更为深入的研究，精确的量化研究使人们能够真真切切地意识到事物的艺术本源来源于生活又高于生活。换而言之我们可以理解为，艺术创作的灵感主要来源于生活，若是没有生活的原型或是现象，艺术创作的灵感也就不复存在，或将被大打折扣，如果大脑无法获得有关时间和空间情况的实时信息，它就会"束手无策"，什么也想不出来，以上就是科学认识的一般规律。

但还需要注意的是，如果大脑中所收集的信息，只是某种片面地对外部世界中事情和事件的纯感性反映，或是一些没有进行过任何加工的原始材料，同样也毫无用处。那些新生的特别事物永无休止地向我们展示着一些信息，它们的出现会在某种程度上刺激我们，但并不会变成我们的主宰，除非我们在某个个别事物的呈现中发现了本质性的东西。

亨利·德莱弗斯（Henry Dreyfuss），一位著名工业设计师，他于1955年首次出版了《为大众设计》这部著作，在书中他用了一整章内容对一对虚构的夫妇裘和裘瑟芬进行了较为细腻的描写。这对虚拟的夫妇原本是画在工作室墙上的，是用来测量男女平均身体高度及胖瘦的。之后，裘和裘瑟芬逐渐显示出多种"过敏、禁忌和困扰的迹象"，如受耀眼的灯光、进攻性的色彩所侵扰；他们对噪音敏感；不愉快的气味使他们退缩等。这些关于裘和裘瑟芬的感受和需求的认识在初期只是作为一种经验的积累被记录了下来，然而现在这样的方式和经验已被用于所有创造过程中，如从自行车到飞机的内部装修等。

（二）思维——感性思维与理性思维

设计师在设计过程中会有两个思维层面——理性与感性。任何人在对某一问题进行思考时，都会有理性与感性的一面，只不过有些人的理性居多，有些人的感性会比较多。往往当人比较理性时，会趋向于用逻辑思维来进行问题的思考。相反，当人的感性多于理性时，就会用自己的直觉或是情感来进行问题的思考。

所以说，在创作构思的整个过程中，设计师应该将感性思维与理性思维结合起来，以实现对感知的理解。用理性去思考感性思维，感性思维是理性思维生根的宽厚的土壤，如果理性思维脱离了感性思维的土壤，就会干枯。而理性思维是梳理感性思维混乱的良方，能够起到领导、驾驭的功用。

阿尔布雷希特·丢勒在《关于字母应有的造型》中强调："没有什么东西比一张毫无技巧、笨拙的图片更让健康的判断力所讨厌了，尽管花费许多心思和努力。这类画家没有认识到他们自身错误的唯一原因就是他们没有学过几何学。"康定斯基（Kandinsky）曾说："数学是一切抽象表现的终结，对艺术应进行数学分析和处理，从而使艺术从感性上升到理性。"

在当今知识经济时代，为什么一个优秀的设计师需要具备数学修养？经常可以看见一些极好的设计概念在设计实施中没有得到很好的表现，其原因也在于设计师没有将感性思维通过理性思维进行梳理。在设计实践中对于构图原则、设计透视、人体比例、立体构成及画面的黄金分割等典型的艺术设计问题，常常需要涉及重要的数学概念的理解和相关原理的运用，作为一名优秀的设计师不应该凭借感觉去设计。理性思维的抽象性帮助设计师抓住事物的共性和本质，逻辑性确保了设计结果逻辑上的可靠性。

设计过程不仅需要站在理性思维的角度去规范，也需要在感性思维的角度上去观察。视觉经验是一种感性思维，人们往往觉得它不具备可靠性，但是往往在设计的过程中也需要经验来弥补理性的不足。进行各种色彩设计时，为了达到各种色块在视觉上的一致，必须按色彩地膨胀和收缩视觉经验进行调整。

（三）审美——感性美与理性美

在艺术作品的艺术呈现风格阶段，艺术设计作品可以是理性分析，感性表现，也就是感性美；抑或是理性分析，理性表现的理性美。当然我们所说的感性美与理性美一定是相对而言的。从前面的论述我们不难得知，不管是感性美还是理性美，前期的理性分析是必不可少的，这是它们的共同点，在最终呈现的风格上，这两者的区别也只是在于侧重点的不同罢了。

冈特·兰堡被国外学者称为欧洲最有创造力的"视觉诗人"，但是绝对不是只有一种格律的诗人，冈特·兰堡的海报风格是不断变化的，早期的作品风格更倾向于感性美，晚期的作品风格更倾向于理性美，我们可以通过冈特·兰堡为莎士比亚名剧《奥赛罗》设计的海报来比较两种不同风格的美。

同一个题材，同样以眼睛为画面的主体，1978年的《奥赛罗》海报用摄影图片的语言，黑白色调，布满在画面上的铁丝网，一张残缺不全的人物脸部形象，以及飘零的落叶，使悲剧情绪一览无遗地展现出来了。

1999年的《奥赛罗》则使用了简洁的符号性几何语言，一双眼睛不仅表现了奥赛罗身边充斥的偏见，更体现了他内心深处的种族自卑感，一道红色的血液流下来，暗示了悲剧的结局，冈特·兰堡将画面变得单纯、简洁、明了，但是丝毫不减少海报的魅力与内涵，体现了"诗"以简代繁的特点。

感性美与理性美两者的区别在于一个注重气氛，一个注重思考，没有谁比谁好，只是在不同的时代，不同的环境和不同的题材中哪个更适合表现主题而已。优秀的艺术设计作品，一定是经过作者深思熟虑后的产物，设计师需要懂得体会生活，思考生活。这需要实际调查和切身体会。否则产生的设计就会容易脱离生活，失去感染力，因为设计是源于生活并服务于生活的。

感性与理性在不同的时间点，以不同的身份出现，理性制约着感性，感性促进着理性。它们就像是天平的两端，谁也不可能压倒对方而取得某种平衡。总之，好的设计，需要感性，同时也需要理性，两者相辅相成，缺一不可。

（四）感性与理性并重的视角

艺术设计是在艺术与科技相交融中产生的新的学科，它在艺术与技术、实用与审美的综合性之间构筑起一个独立的概念。但是，就艺术设计这项活动（而非名词概念上的界定）来讲，它应当是伴随着人类文明发展到一定阶段，尤其是伴随着器物文化的出现而产生的，是人类将实用价值与审美价值融为一体的创造过程。艺术设计同其他的艺术门类一样，都有自身需要遵循的艺术创造规律，把握住这些规律，才能创造出令人满意的作品，才能使艺术设计这一门类得到进一步发展。

由于艺术设计是一门艺术与科学相融合的交叉学科，因此，对于创造主体来说，它既是具象的，又是抽象的，既是充满感性的，又必须具备理性的力量。如何把握艺术设计中感性与理性之间的杠杆，使作品获得一种和谐之美，一直是艺术设计领域中的一个重要课题。

在通常的设计艺术理念中，我们经常提到的节奏、比例、重复、渐变等形式美的原则一般都是建立在逻辑思维基础上的。但是，这并不能说明形象思维或者感性在艺术设计中的地位不重要。当代艺术心理学的巨大发展使探索艺术创造的学说越来越丰富，现在我们已经承认了"无意识"这种"未被意识到的"意识存在，了解到它是"以意识目的形式参加活动，并成为个体常常意识不到的活动的调节器"。

因此，我们就更加了解形象思维和感性视角作为创作的基础在艺术设计中所起到的重要作用。在标识设计、招贴设计、书刊设计等平面设计领域内，在城市景观设计、建筑设计、居室设计、店容设计等环境设计领域内，在家具设计、日用品设计等产品设计领域内，大量的创作素材来源于感性，来源于我们对日常生活中具体的、可感的形象认识。

如在企业标识设计中，中国农业银行的金麦穗、全球邮政速递信封上的地球和飞奔的运动员身姿、雀巢公司从名称到标识的鸟巢形象。在产品设计中，设计者的创作灵感也大来源于自然界中各种物象，如青蛙式的儿童浴盆、小动物（小猪、小兔子等）形象的储蓄罐、竹筒形状的笔筒等。

在环境设计领域里，如今借助自然景物的设计方式愈来愈普遍，如小桥流水、竹影婆娑的"生态园"餐饮业，各种主题游乐园的内部设置（如迪士尼乐园的米老鼠、唐老鸭），以及 2008 年奥运会的"鸟巢式"场馆等，无不是以从感性视角获得的自然形态为素材，再将自然形态进行归纳、夸张，得到具有艺术美的装饰形象。

感性形象需要不断提炼、加工。但需要注意的是，在提炼、加工的过程中，要从感性入手，不能原封不动地照搬模仿，应通过对"神似"的捕捉，创造出能够反映人类社会生活之美的各种艺术设计作品，在这一过程中，只能进行某种程度的"神似"捕捉，而不能将原始形象形态全部舍弃，以唤起人们情感上的共鸣，并满足人们在实用的同时对美的情感追求。

第二节　公共空间设计

一、公共空间设计的概念

公共空间设计是建筑内部空间理性创造的方法，是人类环境设计的一个重要部分，我们可以将其简单理解为：利用某些材料和技术手段及经济能力，以科学作为基本功能，以艺术作为一种表现形式，建立一个安全、卫生、舒适和优美的内部环境，来满足人们对物质功能和精神功能的需求。

现代室内设计是科学、生活和艺术的完美结合体。随着时代的不断发展，一方面，室内设计在新材料、新技术和新结构等现代科技成果的不断推广和应用，以及声、光、电的相互协调配合，将其在某种程度上升华到了一个新的境界；另一方面，随着社会生产力和生产关系的发展，室内设计的丰富内容和自身所具有的规律将得到显著发展。

二、公共空间设计要素

（一）设计师的素质要素

1. 设计性意识

（1）常规设计思维

通常情况下我们把常规设计思维称之为正向思维，这是人们习以为常的一种思维方式。这种方式是直接根据问题的焦点从前面或者是表面直接找到问题，并找到解决问题的方法。传统思维对事物的理解非常直观，并给出了一定的逻辑和推理，但万变不离其宗，无论其如何变化，都有一个传统的框架。

比如，表现方的形态，仅仅是进行了一些细微的变化，如使边角带有少许弧度，也只是一些细微的变化，而不会将其变成圆形或是三角形。

常规思维符合人们对事物发展规律的理解和认识，能够自然地感受到事物的面目并做出适宜的改变。比较直观地、顺理成章地表现作品的设计内容，就是大众所熟悉的在室内设计中的表现。在日常设计中，最常用的思维方式是常规思维，这种方式主要以一定规律、模式进行设计。常规设计思维通常会在室内设计中使用得比较多一些。

（2）变异设计思维

变异思维又被称之为逆向思维。这是在相反的位置来对事物进行设计思考的思维方法。变异思维的典型特征是"反其道而行之"，通过这种方式，设计的外观可以变得更加引人注目和更具创新性，因为它可以激发设计理念，扩展思维范围，并催生意料之外的设计结果。

变异思维也经常被用于室内设计。为了使设计思维巧妙而独特，就必须在某种程度上突破传统模式，争取找到新观点和新思路。人们习惯于传统思维，这种思维被称之为"惯性"，人们经常会用这种惯性去思考一些问题。所以在设计过程中，会根据自己对事物外部形态及固有思维进行观察和思考，致使该作品毫无个性可言。

要想将上述所说的思维惯性消除掉，可以尝试使用逆向思维。从该事物的内部结构入手，用相反的思维进行研究和领会，直到获取具有新意的、突破性的创意设计。

2.技术性意识

设计师会将个人的一些审美思维及习惯融入设计理念之中，同时又具有一定的时代性。以下两项内容是个人设计理念形成的两个重要因素。

（1）设计师本身的艺术观和设计经验

从设计的早期表现来看，设计是一种整合多种知识的思维活动，而借助表现技能的物质化过程是其后期表现，其中设计经验在其中起着举足轻重的作用。

（2）工业时代的社会生产力水平和技术进步

由于设计是与纯艺术截然不同的生产活动的一部分，因此设计的性能离不开生产技术的支持。若没有一个正确的、合适的技术表现手段，即便是再优质的设计想法也会前功尽弃。同样，先进的生产技术是设计的前提条件，换而言之，如果没有先进的生产技术作为前提条件，那么基于这一切而生产的技术设计也就很难产生。

因此，不切实际地超越当今生产技术的设计只能被视为"科学幻想"。在工业化时代，革命性设计理念突破的象征是"包豪斯设计运动"，这个设计运动是当时在第二次工业革命背景下，人们的思维对传统设计理念冲击后留下的产物。所以，它提出的"实用至上"的功能主义设计概念一直影响至今。它特别强调设计与工艺的结合，认为"艺术家和工艺技师之间在根本上没有任何区别，工艺技术的熟练对于每一个艺术家来说都是不可缺少的"。

（二）材料要素

材料是室内的物质载体，是室内生产的设计理念和客观对象的物质基础。若没有材料，设计只是一张纸，是一幅"空图"。高科技的发展为产品设计领域的诸多门类带来了崭新的材料，为这些门类的设计提供了广泛的表现天地。室内也不例外地受到了科学技术阳光的沐浴，令人称奇的新型材料不断涌现，刺激着设计灵感，改变着室内外观。

（三）工艺要素

制作是一个加工过程，是一个将设计目的和室内材料组合成实际物品的室内加工过程，从某种意义上来看，它属于室内设计的最后步骤。如不对设计目的和材料进行施工制作，就不可能达到预期的室内设计效果，因为此时的设计和材料都将处于分离状态。室内制作包括以下两个方面。

一是室内结构（Indoor structure），又被称为结构设计，是对设计目的的一种解析，从宏观上对室内工艺的合理性起着决定性作用，室内一些具有物理性能的要求与结构设计有着十分密切的联系，结构设计是实现物理性能要求的一个有效途径。

二是室内工艺（Indoor craft），其也算是一个施工过程，在此期间，它需要借助手工或机械来将室内结构有序地结合起来，在一定程度上对室内设计作品的质量起着决定性的作用。

结构与工艺的关系十分奇特，它们相互配合、密不可分。通常情况下我们可以认为，准确施工的前提条件是有一个准确的室内结构设计，精致的室内工艺是推求结构的有力保证。如果遇到劣质粗糙的制造，即便是再完美、精准的结构也没无法改变室内作品的面目全非；若结构设计出现严重问题，即便是精美绝伦的工艺已无济于事。

（四）设计师的设计方法要素

调研法（Research method）是一种通过将反馈信息进行收集、分析，最终进行改进设计的一种设计方法。在室内设计中，进行市场调研是一个十分重要且关键的环节，尤其在实用室内设计中，要使设计顺应潮流，跟上时代的步伐。调研的目的是取长补短，取其精华，去其糟粕，在市场中发现新设计元素，新的设计亮点，使公共空间设计作品更舒适、更人性化、更接近潮流。设计师力求在以后的设计中继续运用或进一步改进，同时找出不受欢迎的设计元素，在下一个设计任务中将其去除。在调研法里有三个分支。

①优点列记法。是罗列现状中存在的优点和长处，并继续保持和发扬光大的方法。任何好的设计都有设计的"闪光点"，成功的设计中的"闪光点"不宜轻易舍弃，应分析其是否还存在再利用的价值，将这些优点借鉴运用会产生更好的设计效果。

②缺点列记法。是罗列现状中存在的缺点和不足，将其加以改进或去除的方法。公共空间设计作品中存在的缺点将直接影响设计任务的完成质量，只有在以后的设计中改正这些引起室内设计作品滞后的缺点，才有可能改变现状。缺点列记法在实践中比优点列记法更为重要。

③希望点列记法。是收集各种希望和建议，搜索创新的方法。这一方法是对现状的否定，听取对设计最有发言权的多个渠道的意见，意在创新设计。

夸张法（Exaggerated method）通常基于原始形态，在此基础上放大或缩小，并且寻求其形态的限制以确定最理想的形态。夸张法是把事物的状态和特性放大或缩小，在趋向极端位置的过程中截取其利用的可能性的设计方法。夸张法的形式多样，如重叠、组合、变换等，可以从色彩、形体、比例尺度等多方面进行造型极限夸张。任何设计元素的夸大或缩小全凭设计师根据设计要求自由把握。夸张法特别适合于前卫风格室内的设计。

取向法（Orientation method）是以某一个事物为基础，追踪寻找所有相关事物进行筛选整理的方法。在设计出一个新造型后，不该将此设计思想即刻停止，相反，要继续沿着原始设计思想，尽可能地开发出相关模型，然后选择一个最佳方案。如此一来，便不会使后面的思维造型过早夭折。该方法适合于一些大量的快速设计。

一旦设计思维被打开，人们的思维就会变得非常活跃、敏捷。头脑中就会在短时间内闪现出无数个设计，定向方法（Orientation method）可以快速捕获这些设计并获得一系列相关设计。使用定向方法设计通常需要很长时间，设计的熟练程度将随时间得到显著提高，设计人员很容易应对大量的设计任务。

主题法（Subject method）是指在特定情况或因素下进行设计的方法，这种设计方法往往带有一定的局限性。严格来讲，每种主题都会有不同的设计，这里所说的主题法，一般指的是设计要素的主题。从设计元素的角度来看，主题可以分为六个方面：造型主题、色彩主题、素材主题、空间主题、结构主题和灯光主题。在设计的过程中往往会出现一些单项主题，但不排除其他特定情况，比如有时会在设计要求中对上面六个方面进行多项限定，由于设计的自由在某种程度上受到限制，因此对设计者在设计方面的能力要求就比较高。

分解法（Decomposition method）通常是指在原有形态的基础上，选择性地进行一些借鉴或融合，从而使该形态事物变成一种新的设计方法。分解法不仅可单独指代空间本身，还可以是其他造型物体中具体的形状、颜色、质量和其他形状的组合。使用分解法进行设计很容易产生创造性和独特性的设计。分解法包括直接分解和间接分解两种形式。

①直接分解。古今中外的建筑空间留下了各种大小不一的造型样式，每一种都有其所具备的优点，将这些优点直接转移到全新设计之中，就极大可能得到优质的设计效果。在日常的室内设计中，那些设计精巧的门、装饰品等都可以直接将其用到全新设计中去，当然也包括设计中某种局部造型的色、形、质，或者某种工艺和造型技术可以直接转移到新的设计中。在使用直接分解法的同时，必须遵循灵活性原则，尽量避免生搬硬套的情况出现，不要把人们在视觉和感觉上的体验混淆。

②间接分解。不同类型的设计形态有时难以直接使用。在这种情况下，就需要在参考传输时做出选择，或者通过参考其形态来更改颜色材料，或者通过参考其材质而改变其形态，或者参考其工艺手法而改变其色、形、质等。以人为本、为人服务是室内设计的根本目标，因此，间接分解不仅仅是借用转移体的表面形式，而是加入了人类的情感和观念等因素，是对现有各种物体或设计的选择性和多样化的重组。

逆向法（Reverse method）是将原来的事物放在对立或反面的位置上，寻求异化和突变结果的设计方法。逆向法的思考角度来了一个180°大转弯，打破了常规思维所带来的常规设计结果，这是一个能够带来突破性结果的设计方法。逆向法的内容既可以是材料、色彩，也可以是思维等，可以用逆向法的内容较为具体。在进行逆向法时切不可生搬硬套，要灵活运用，无论设计多么有新意的事物，都要建立在原有事物自身所持有的特点上，不然就会使设计显得十分生硬。

转移法（Transfer method）是根据作用的不同，把原有的事物进行转化，并将其运用到另一个范围内，通过这种方式来寻找解决问题的新方法，研究其在其他领域是否可行，是否可以使用代替品等的设计方法。有些问题难以在本领域很好解决，将这些问题转移到别的领域以后，由于事物的性质发生了变化，容易引起思维的突破性变化，从而产生新的结果。

置换法（Replacement method）是指将某事物中所具有的现状进行改变，从而产生一种新的形态设计的方法。换而言之，创新是设计的一种含义，无论将事物的哪一方面进行改变，都会有新的含义产生，举例来讲，一般室内都是由设计、材料、制作等要素构成，所以变换法在室内设计中的应用可以从以下几个方面入手：①变换设计主要是指变换室内的造型和色彩及饰物等，如将白色窗纱的色彩改为红色，将其造型改为中式风格造型后，就赋予了原有室内全新的设计含义；②变换材料是指变换室内中的装饰材料；③变换工艺是指变换室内的结构和施工工艺。结构设计是室内设计中一个非常重要的方面，可能改变整体室内设计的风格，而不同的施工工艺也会使室内具有不同的风格。

加减法（Addition and Subtraction）是指根据需要增加或删减现存的某一部分，使其在最大程度上复杂化或单纯化。一般情况下，这种方法主要用于调整空间的内部结构上，从形式上看，某些设计的确是在做增删工作，但是增删是有定依据的。在室内空间领域那些追求繁华的年代，主要做的是增加设计，而非删减设计。反之，在崇尚简洁的年代，主要做删减设计。增删的部位、内容和程度是根据设计者对流行趋势的理解和各自的偏爱而定。增加或删减的通常是室内的部分结构或毫无意义的装饰。

结合法（Combined method）是结合两种不同的形态和功能物体，以创建用于设计复合函数的新方法。从功能角度展开设计是结合法的主要特征之一，并且广泛用于其他设计领域，如将笔与时钟结合起来，成为计时笔，将录像机与照相机结合起来，成为摄像机等。功能上的结合要合理自然，切忌异想天开、生拉硬扯，事实上，功能或造型相差太远的东西是无法结合在一起的。结合法在室内设计中通常是将两种有区别的功能零部件进行适宜的结合，最终使新的形态同时具备两种功能。

联想法（Joint idea）是指以特定的一个观念为出发点，持续性地展开想象，把想象过程中的某一个结果作为设计的帮衬进行截图。联想法主要是寻找新的设计主题，使设计思维突破惯例，设计思路得到拓宽。联想一开始就必须有一个原型，然后由此展开想象，进行不断地深化。由于每个人审美品位、艺术成就和文化素养都有所不同，所以不同的人从同一原型展开联想会获得不同的设计效果。

派生是我们耳熟能详的一个词语，派生的本意是在造词法中通过改变词根或添加不同的词缀以增加词汇量的构词方法。派生法（Derivative method）的特点体现在具有可供参考进行变化的原型。在室内设计中，派生法的应用是在某个参考原型的基础上逐步演化轮廓和细节，如将轮廓更改得更小或是更大，以及改变其局部形态等。派生可分为三种形式：廓形与细节同时变化；廓形不变，变化细节；细节不变，改变廓形。

局部法与整体法是截然不同的两种方法。局部法是基于局部性并扩展到整体设计的方法。这种方法更容易掌握局部设计效果，室内设计师很容易被一些精致的小玩意所吸引，这些小玩意经过一番改动会变成室内空间上精致的局部造型。有时设计师会对某一个局部造型爱不释手，并由此产生新的设计灵感，于是会把这一部分运用到新设计中去，并寻找与之相配的整体造型，如果不相配就会形成视觉上的混乱。

三、公共空间设计的定位

公共空间设计（Public space design），是指根据建筑所在的地理位置、周边环境、具备的功能特性、空间形式和投资标准利用美学原则、审美规则和材料技术创造出一种特定的公共建筑空间的室内设计，这种设计可以创造出一个满足人们和社会特征需求，充分表现了人类的文明和进步，并制约和影响着人们观念和行为的特定的公共建筑空间室内设计环境。

它在一定程度上反映着不同民族、不同地域的经济状况及物质生活内容和行为特征，并深刻体现了当代人在不同社会生活中的物质和精神需求及追求审美理想的室内设计。

公共空间环境的好与坏，与人们的社会生活和生产行为的质量有着直接的关系。公共建筑空间室内设计也在随着社会的发展而发展，不论是从设计构思、施工工艺、材料配置，还是内部设施分析，它们都与社会的物质技术条件、社会文化和精神生活等有着千丝万缕的联系。

与此同时，在空间组织和处理技术方面，也反映了具有时代性的社会哲学、社会经济、美学理念及地域民风的构思特征。总而言之，公共建筑空间设计的内涵，是运用技术、艺术为人们创造出科学、合理、适用、美观、体现城市建筑文明、促进其发展，使之成为人们生活的理念和行为、符合社会和文化生活特点的时间框架环境。公共空间设计和住宅空间设计的要求是有区别的，特别是在基本功能和环境氛围的营造要求上是截然不同的。公共空间设计需要对使用者的类型进行分析，在功能设计上要以人群的普遍性为基础。而住宅空间由于使用者的相对稳定性，在设计功能和审美趣味上可以产生更加富于个性的表现。公共空间由于规模的需要，在空间组织上往往会出现较多相同空间的排列组合形式，如办公室和娱乐包厢，在排列组合上就表现出了重复性，而在住宅空间设计中，空间的重复性相对较少。公共空间在空间组织中的序列性表现得要比住宅空间更为清晰和明确，例如，火车站的空间序列安排为，先到售票大厅，再到检票处和候车厅，这个顺序是不能更换的。

四、公共空间设计的发展趋势

（一）回归自然

随着人们环境保护意识的不断增强，人们更加渴望回归自然，大部分人都会选择使用自然材料进行设计装修，处在天然绿色无污染的环境中。

20世纪四五十年代，北欧斯堪的纳维亚设计流派渐渐兴起，它的设计理念引起了世界各国的关注。他们所主张的是在住宅中营造出一种令人舒适的田园气氛，自然的色彩与天然材料是他们所追求的，并在此基础上采用不同的民间艺术手法及风格。如此这般，设计师在"回归自然"的理念上不断下功夫，使崭新的肌理效果通过采用具象和抽象的设计被巧妙地创造出来。

（二）艺术形式完整

随着社会物质财富的日益丰富，人们不再关注于物品的数量，而是升华到了对室内各种物件之间所存在的整体之美的关注。

正如法国启蒙思想家狄德罗（Diderot）所说："美与丑关系具生、具长、具灭。"室内环境设计不是一个分散式的艺术，而是一个整体的艺术，它应是对空间、形体、色彩，以及虚实关系的把握，是对功能组合关系的把握，是对意境创造的把握，以及对周围环境的关系协调。关于公共空间设计的大多数成功案例都有一个相同之处，即他们对于艺术都强调整体统一的运用手法。

（三）高度现代化

随着科学技术的不断深入、创新和发展，建筑和环境设计领域开始大量使用新材料、新技术和新工艺。换而言之，在非特殊情况下最早采用现代科技手段的设计领域应属公共建筑空间室内设计，它不仅在环境、声、光、色上进行新颖表现形式的探索，还在一定程度上塑造了现代、时尚、高效、快节奏和充满未来感的艺术环境效果。

（四）民族化与多元化

后现代建筑和环境设计的概念强调了区域文化和民族文化的参考和应用。它将历史上优秀的建筑装饰技术和装饰符号运用到现代公共空间的设计中，这可谓是一种极为丰富空间文化内涵的必要手段，并在某种程度上赋予了人类以历史的联想和异域文化新颖性的新奇感。

当多元化将现代建筑的局限性逐一打破，建筑内部空间的个性与情感就会被极大丰富起来。传统装饰文化和异国情调的装饰文化的使用可以是单一风格，同时也可以是一种多维风格的组合。

第三节　公共艺术

一、公共性的诠释

"公共性"作为公共艺术的核心价值，对其进行解读与认识是理解公共艺术概念的重要前提。在我们这样的一个公有制国家，大多数人习惯地将"公共"的含义与表示权属的"共有"、表示服务对象的"公用"等联系起来，如公共机构、公共场所、公共服务设施、公共建筑等。这种对于"公共"一词的模糊认识和与所指之间关系的不确定，使我们对于"公共性"内核的认知与理解流于简单和空泛，也掩盖了"公共性"一词所传达的丰富的社会人文内涵。我们需要跳出公众的认知定势，探讨它在东西方文化背景下的语义演变与内涵差异，这样我们才能全面理解"公共性"的基本概念，从而对于公共艺术范畴的"公共性"含义获得更加清晰和准确的认知与理解。

在西方传统文化中，"公共（public）"与"私人（private）"是以成对的概念出现的。在古希腊时期，"公共（希腊语pubes）"一词更多地意指希腊城邦自由公民参与城邦共同体的一种生活状态，即公共政治生活。这种公共生活包含两种形式：一是"言语"，表现为交谈、辩论及诉讼等；另一种是"行动"，表现为竞争、竞技和战争。古希腊城邦公民通过这两种能力参与城邦公共事务，诸如参加公民大会、参与议事会和选举、参与法庭陪审并表达个人意见、参加体育竞赛等，从而形成了一种以"公共性"为特征的城邦社会政治生活，这同时也成为现代"公民社会"的雏形。也就是说，在西方文化语境中，把个体参与社会集体生活所形成的集体性观念、行为、生活状态、社会联系称为"公共"，而把个体的家庭生活、劳动、成员关系称为"私人"。总的来说，汉语文化中的"公"或"公共"的含义与西方的"public（公共）"概念之间具有一些语义相同之处，但是它们之间的思想内核是完全不同的。因此，我们有必要通过西方社会"公共性（publicity）"概念的发展来考察其内涵的演变。

二、艺术的公共性指向

"公共性"是一个复杂的社会政治学概念，我们在"艺术"的前面冠以"公共"两字，称之为"公共艺术"，并在创作与研究中强调艺术的"公共性"，那么艺术领域的"公共性"指向和其核心价值是什么？艺术作为社会意识形态和上层建筑的一部分，有其自身的逻辑，这种逻辑我们可以理解为艺术的自主性原则，即艺术有其自己独有的、不受外界支配和驱使的思维结构和表达方式。西方近一个多世纪的现代艺术发展，完全颠覆了传统的艺术价值与审美范式，艺术在获得独立性的同时又越来越陷入纯粹理性精英文化的深渊，艺术脱离了生活的本质，成为象牙之塔的供物。直至20世纪五六十年代波普艺术的出现，以及之后被称为"后现代"的艺术的出现，才终于打破了艺术的封闭性和高高在上的姿态，消除了艺术与生活、艺术与非艺术的界限，将艺术从形式的束缚中解放出来，使其走进我们的日常生活，进入了一个更为广泛的社会文化空间。

而公共艺术正是在后现代艺术思潮的土壤中出现和成长，以艺术的"公共性"指向介入我们的社会生活和公共领域，重构了人们对艺术的理解与定义，是后现代精神的具体实践与体现。艺术的"公共性"指向在艺术观念上主张摆脱艺术精英主义，提倡艺术与生活界限的消解，倾向于让艺术走向社会、走向大众的日常生活。在艺术创作上强调艺术的社会批判与人文关怀，并倡导利用艺术的力量构建公民的集体性意识与公共精神。

第四节　公共空间与艺术的关系

公共空间为人们提供了诸多公共活动场所，而这些活动不仅包括物质方面，还包括精神方面。在发展公共空间的漫长过程中，人类在进行自我精神需要满足的同时还养成了一定的审美能力及习惯，人类总是使用特定的审美观念来对审美对象的美与丑进行判断，由于习惯的问题，人们大多数时间都会不自觉地倾向于某种方面。因此，空间具备了一定的实用属性，且在此基础上还具备了一定的审美属性。相比其他艺术而言，空间艺术形式显得更加委婉，它包含于整个空间与环境中，由空间环境的总体构成来传递空间的艺术感染力。

作为一种设计艺术形式，公共空间也是一种文化。它是人们参与各种活动的功能载体。所有文化现象都会在其中发生，且公共空间在某种程度上表达了自己的文化形态，并对人类的文化史进行了更为全面的反映。

我们可以将公共空间视为一个受功能要求影响的实用空间和一个符合审

美要求的视觉空间的完美组合，它能够满足人们最基本的精神感受，使人们在视觉和感官上愉悦。但要注意的是，并不是所有的公共空间都能够称之为艺术，也并不是所有的公共空间都能够达到艺术创作的标准，因此，人们在进行公共空间创造时，必须遵循美学原则进行构思设想。

就公共空间的客观存在物质而言，不论是相同时代与地域的公共空间，还是不同时代与地域的公共空间，它们都属于与时代科技成果的完美结合，都能在不同程度上反映出当时最为先进的科技发展水平，换而言之，公共空间材料、公共空间结构、公共空间技术、公共空间设备等这些诸多方面都充分表现且构成了时代文明的缩影。

从社会属性方面进行研究，就不难发现关于人类一切精神文明的成果也都渗透于公共空间设计之中，比如在人们日常生活中的一些雕刻、雕塑、工艺美术、绘画、家具等全都属于可见的形象，它们都属于公共空间与公共空间环境的重要肌理，而那些由公共空间中的事物所体现出的具有象征性、隐喻性等的内涵，作为公共空间意境也都与人们的精神境界相联系。

美学本身是非常抽象和复杂的，而人们之间的审美观念是不同的，所以形式美学和审美观念是两个不同的类别，不能相互混淆或相互否定。前者是具有共性、必然性和永恒性的法则；而后者是根据地区、民族和时代的不同而发展起来的，具有更为具体的标准和规模。前者是绝对的，而后者则是相对的，绝对寓于相对之中，形式美学的原则需要充分体现在任何具体的艺术形式中，虽然这些艺术形式因审美观念的不同而不尽相同。

不可否认的是，公共空间是人类所特有的产物，公共空间在某种程度上反映着人类社会所具备的各种特征。所以可以理解为，公共空间受到了宗教、民族、文化、地域等来自多方面社会性因素的影响，在某种意义上来看，它并不是孤立存在的，因此便会使公共空间表现出较为明显的差异性。

以新旧公共空间为例，它们都遵循"多元统一"的形式美学原则，但在形式加工方面，由于审美观念的发展和变化，它们有不同的标准和尺度。经过多年的探索和积累，古典空间推断出近乎完美的比例关系，形成了"法式"的创作。现代的公共空间几乎完全不受经典公共空间形式比例的限制。各种强烈的对比度成功塑造了许多优秀的公共空间形象。

第三章 公共空间设计的美学基础

公共空间设计的风格与流派是历史文化和地域文化的直接产物，往往与相对应的历史时期的文学、绘画、音乐等多种艺术形式相关联，反映了这个时期的艺术风尚和审美追求，每个国家和地区在历史上都出现过许多建筑装饰的风格和样式，这也说明公共空间设计与美学有着紧密的联系。公共空间设计的美学也与技术的发展有着紧密的联系。本章主要从形态美学和技术美学两个方面，对现代公共空间设计的美学基础进行介绍。对于现代公共空间设计来说，只有对公共空间设计美学有了充分的了解，才能够灵活地运用公共空间设计中的各种元素，丰富公共空间设计的精神内涵与意境。

第一节 形态美学

一、公共空间的家具和陈设设计的作用

公共空间陈设设计就是在室内空间设计确定后，根据其风格特色进行家具和装饰物品的陈列和摆设。不能仅仅看成是家具与摆设的陈设布置，家具和陈设的设计是经过设计师精心地构思，全方位、整体性地考虑到光线、造型、色彩等诸综合因素而进行的室内总体艺术氛围的创造和主观的艺术化情感的创造表现。陈设品表达出了一定的思想内涵和文化精神，对空间形象的塑造、气氛的渲染能起到烘托和画龙点睛的作用。因此，陈设艺术设计可以看作是环境设计的一个组成部分，是对公共空间设计的延伸和有益的补充。

（一）家具

家具是人类维持日常生活，从事生产实践和开展社会活动必不可少的重要物品，有坐、卧、储藏等功能。家具在公共空间中具有重要的作用，家具除了实用功能外，还具有艺术审美的精神作用。公共空间家具的作用有如下几点。

1. 组织空间

人们在不同的空间完成不同的工作和行为，配合各种行为所需的家具可以组织出各种不同的个性空间，通过家具的各种围合和组合方法就可以塑造出不同的空间关系并能组织人流走向。可见家具对于组织空间起到了非常积极的作用。

2. 分隔空间

在公共空间中不仅可以通过墙体来划分空间，也可用家具来划分空间。比如在开敞式的大办公空间，可以使用办公家具来划分大空间，既节省了面积，又可以满足办公的交流和私密性的需要。可见，分隔空间也是家具很重要的一个功能。

3. 填补空间

家具还可以起到填补空间的作用。在一些不是很便于使用的空间，我们可通过调整家具来提升空间的利用率，如在楼梯下面不便于使用的空间中，可以通过装饰性家具的摆放，形成视觉景观，使环境更加丰富。

4. 改变空间形态

在一个空间环境中我们可以利用家具多用途的特性，达到虽然身体不能过去但眼睛可以看到，空间感被扩大的效果；反之，我们也可以利用家具实现视线的阻隔，达到就算可以通行，空间感也会被缩减的效果，因此家具可以作为改变空间形态的工具。

5. 反映地区文化和地域风格

各地区的文化背景及审美要求不同，各地地理条件和材料不同，就会使家具呈现出其民族性和地域文化的特点。家具在塑造空间整体的风格同时，也能体现出地区文化和地域风格。

（二）织物

在室内装饰中，织物是不可缺少的一部分，织物在室内装饰中也占据了一多半的比例，如窗帘门帘、床单被套、沙发靠垫、毛毯地毯、桌布枕套等，这些织物不仅和我们的生活息息相关，还起到了一定的装饰作用。

织物也能够广泛运用到室内装饰的各个角落中，织物不仅能够决定室内陈设的风格，还能起到色彩装饰的作用。

1. 划分空间的作用

织物可以对视线进行阻隔并将空间进行划分。如帷幔可以将大空间划分成小空间，形成私密性强的封闭空间。透明和半透明的织物既划分了空间又能增加透感，塑造出隔面不断的空间。

2. 统一室内色彩的作用

纺织品是陈设设计的主要内容，织物对室内空间起到一定的防尘、遮光的作用，并且织物的不同形态、色彩和材料都会给人们以不同的心理感受。

（三）灯具

灯具就是人工光的光源，具有在黑暗状态下提供照明的实用性功能。在不同的光源色的影响下，公共空间所反映出的色彩是不同的，这就为我们营造不同需求的氛围提供了很好的手段。灯具设计有时代和地域特征，灯具也是加强室内陈设设计风格的重要手段。

（四）电器用品

电器用品既是实用工业品，又是室内重要的陈设品，它已经成为现代社会中不可缺少的组成部分。

①信息传递工具，电视、电脑等电器用品能使人们快捷地获取信息。信息传递的速度、广度和深度是以前不能比拟的。

②体现了现代科技的发展，同时赋予了空间时代感。随着科学技术的进步，电器用品不断地发展和更新，新型电器在公共空间的展示赋予了空间时尚感和时代感。

③给人视觉，听觉的享受。电器用品能给人以视觉，听觉的享受，同时能塑造出公共空间优雅、宁静、舒适、亲切的氛围。

（五）艺术品

其他陈设要素是以功能性为主，而艺术品则是纯精神性的物品。没有它们也并不影响生活，但是增加了这些艺术品会令我们的生活更美好。具体的艺术品包括绘画作品，书法、雕塑、摄影作品、木雕、玉石雕，象牙雕刻、贝雕，彩塑景泰蓝，唐三彩等。艺术品的摆放可以陶冶人的情操，提高室内的文化氛围。

（六）书籍

书籍和杂志是我们获取知识和信息的重要媒介，比起电器用品等，它可读价值更大，可以长时间、反复地阅读。

二、公共空间的陈设设计原则

公共空间的陈设设计具有实用性，且具有分隔和组织空间及烘托艺术氛围等作用。陈设设计还能反映出一种文化底蕴和时代精神。

陈设艺术设计因人们生存的环境、所受的教育、经济地位、文化素质、思想习俗、生活理想、价值观念等的不同而有所不同。但依据形式美的法则来分析，陈设设计有以下设计原则。

（一）统一原则

大多数公共空间陈设设计都遵循统一性的原则。统一性原则就是把空间看作一个整体，利用家具、艺术品、植物、织物的摆设营造出自然舒适的空间氛围。统一性原则可以从以下几个方面来运用。

1. 色彩的统一

我们把室内空间看作一个整体，在色彩的选择上尽量选择同一个色系，可以在色彩明度和纯度上做调整，形成室内色系的统一。

2. 形态统一

在空间陈设中选择物品的形态也要遵循统一的原则，在选择物体的大小、长短、粗细上尽量选择相近的形态进行搭配。

3. 艺术风格的统一

在空间陈设上选择风格一致的物品进行陈设也是为了视觉上的美观舒适。

（二）均衡性原则

在公共空间设计中，均衡性原则是指把空间中的某一点作为轴心，使空间上下、左右都能得到均衡。公共空间的均衡性原则是根据空间对称的基础进行变化的，在均衡性原则中可以塑造局部的不对称，这也是一种审美。如果空间的布局过于遵循对称原则，往往会造成整体氛围过于严肃和静态，而非对称的布局会呈现出活泼、灵动的空间氛围。

（三）主从和谐原则

在公共空间设计中主从关系要设定好，主从原则是一种比较传统的布局方法，它的特点是把一部分作为主体只着重强调这一部分，而对其他空间进行弱化处理，这是为了突出主题，让空间整体变得有朝气，从而打破单调感。但是如果在主体空间中设计的重点过多，就会变得杂乱，抓不到重点。

三、公共空间的陈设设计

（一）影剧院、酒店等空间的陈设设计

在影剧院、会议中心、酒店等这类空间中可以安排一处或几处引人注目的重点陈设艺术设计。陈设艺术设计应该醒目、简洁、大方、独特，讲究气势，有较强的吸引力，并符合大多数人的爱好。壁面的陈设艺术主要以图形、绘画艺术品为主，重点在墙面，服务台的背景墙面。一般选择重要性比较高的地方进行陈设，要选择有分量、视觉冲击力强的陈设品进行装饰，要有整体的装饰效果。陈设品多为大型的雕塑、绘画等艺术品，这些都是构成公共空间的主景观。室外要考虑陈设的相对固定性，避免因为正常使用下人员的流动导致陈设品的损坏和丢失。

（二）商业空间的陈设设计

对于商业空间如大型商场、百货店、专卖店等的陈设设计来说，主要是利用所售商品模拟生活场景的实态，加之橱窗和柜台的展示来吸引顾客购买。商业空间陈设艺术设计的主题是突出商品和商品质量，另外要使主体陈设景观和局部景观呼应。

（三）办公空间的陈设设计

办公空间中的陈设设计不在多而在于精，主要是为了能够体现出企业文化、企业形象、企业实力和企业的精神，给员工创造一个高效、舒适的工作环境，给来访者以企业有实力和品位的信心。办公空间的主要陈设品一般有体现公司精神的雕塑、绘画工艺品等艺术品，还有与企业发展相关的纪念品或领导者的收藏品等。

（四）餐饮空间的陈设设计

餐饮空间的陈设设计中，宴会厅的陈设设计需要体现出高端、大气、华丽、高贵、明亮、热烈的氛围。陈设主要有放在餐桌上的摆件，餐椅的装饰，台面餐具的摆放形式等。它多以布艺装饰餐桌椅及鲜花等陈设作为重点。

中餐厅的陈设设计主要是指具有中国传统风格的餐厅陈设。结合中国传统建筑构件、雕梁画栋、红漆柱、木雕、石雕、砖趣、历代雕像、中国书法、器物等进行摆放，塑造出庄严、典雅、敦厚方正的陈设效果。

快餐厅的陈设设计需要突出环境简洁、快捷，多以流动的线条、明快的色彩、简洁的色块为装饰，且多以大玻璃窗采光，使室内外互相融合，营造热烈、快速的氛围。通过空间各个界面的点、线、面的结合，以及简洁明快

的色彩对比，几何形体的搭配，塑造出快餐文化的氛围。就餐座椅的活动性使用餐环境的组合非常灵活，有快餐文化情趣的小件陈设品能够吸引就餐者的视线，但不会引起较长时间的关注，利用这样的心理暗示，能够使用餐者在用餐结束后不多作停留。

风观味餐厅的陈设设计是根据菜品的地方特点及当地特有的陈设品的摆放进行设置，了解当地风土人情，利用当地绘画、图案、雕塑、器皿、灯饰等进行装饰，使就餐者在品尝地方美食的同时感受到异域文化的熏陶。

第二节　技术美学

一、公共空间设计的照明技术

（一）照明设计基本知识

1. 照度

照度是指物体被照亮的程度，是根据单位面积上所接受的光通量计算的，反映了被照物的照图水平，单位为克斯（Lx），照度水平一般作为照明质量最基本的技术指标之一。

2. 亮度

亮度是人对光的强度感受，是一种主观评价和感受，指的是发光体（反光体）表面发光（反光）单位面积上的发光（反光）强度，反映了光源或物体的明亮程度。

室内的亮度分布是由照度分布和表面反射率所决定的。

3. 视觉度

波长不一样的电磁波，在辐射量不一样的情况下对人眼造成的明暗感觉是不同的，我们将这种视觉特性称之为视觉度，衡量方式是以光通量当作标准单位来进行衡量的。流明是光通量的单位，光源发光效率的单位是流明/瓦特。

4. 光色

光色是指光的颜色，可用色温描述，单位为 K。

光色能够影响环境的气，如含红光较多的"暖"色光使环境有温暖感；含"冷"色光较多的环境，能使人感到凉爽等。

正常状况下选择光源的色温时，照度高时，色温也要高；照度低时，色温也要低。否则，照度高而色温低，会使人感到闷热，照度低而色温高，会使人感到惨淡、阴森、恐怖。

5. 显色性

光源的显色性是指光源显现物体颜色的程度，也指照明光对所照射物体或环境色彩的反映作用，用显色指数（Ra）表示。

光源的色温决定了光色，它对室内的氛围会有直接影响。色温高，就会使人感觉很清凉；色温低，会使人有温暖的感受。一般来讲，当色温不足3300K 时为暖色；当色温大于 3300K，小于 5300K 时为中间色；当色温大于5300K 时为冷色。光源的色温要与照明度相调和，也就是说色温要随着照明度的增加而提高。不然的话，在色温高而照明度低的情况下，会给人带来阴冷的感觉；而在色温低而照明度高的情况下会让人感到炎热、不舒服。

在进行设计时要根据光、光照物和空间这三者之间的关系，来判断它们之间是否相互影响，人类对色彩的感知会受到光强度的直接影响，比如一块红色的窗帘会在强光下更加突出，而蓝色和绿色会在弱光下更加鲜明。进行设计时要特别注意通过利用灯具不同的色光，对空间的进行调整，达到理想的照明效果。比如亮度高的中间色的荧光灯可以和点光源的白炽灯相结合。

在人工光源的显色指数中，50 以下表明显色性差，50 ～ 79 表示显色性一般，80 以上为良好，最高的是 100。

白炽灯 Ra=97；卤钨灯 Ra=95 ～ 99；氙灯 Ra=90 ～ 94；日光灯 Ra=75 ～ 94；白色荧光灯 Ra=55 ～ 85；日光色荧光灯 Ra=75 ～ 94；高压汞灯Ra=20 ～ 30；高压钠灯 Ra=20 ～ 25。

6. 发光效率

发光效率是指光源将电能转换为可见光的能力。

（二）光源的形式

光源类型有两种，分别是自然光源和人工光源。

1. 自然光源

在白天的时候，日光是自然光的主要来源。夜间则以反射月光及星光的方式获得自然光。白天的自然光源由直射地面的阳光及天空光构成。太阳直射的情况下能发出 6000K 色温的黑色辐射体，但是太阳能量会被地球表面的尘埃、水分及化学元素所吸收和分散。经过大气分散后的太阳能所形成的天光才是有效的日光光源，它与大气层外面的直射阳光是不一样的。当太阳的高度角比较低的时候，因为太阳光在大气中经过的时间久，导致光谱分布中的短波部分会变少，在清晨和夕阳时分，天空会呈现出红色。当大气中的尘雾或水汽密集时，会导致浑浊度增强，这时天空会呈现出白色。

2.人工光源

按照光源发光的导电方式来区分，人工光源的灯具有以下几种：LED灯、荧光灯、高压放电灯、白炽灯等。

一般情况下，在公共建筑物中，所使用的都是荧光灯和白炽灯，近年来由于放电灯所需要花费的管理费用较少，所以它的使用量也增加了许多。现在的光源与原始的火光、烛光相比有了质的飞跃，但是每一种光源还是或多或少存在着一些不足。

（三）灯具的形式

1.吊灯

吊灯是用吊线或导管将光源固定在天棚上的悬挂照明灯具。吊灯占用空间高度多，一般适用于高度较大的空间。吊灯悬挂于室内上空，由于其具有普照性，能使地面、墙面及顶相都能得到整体均匀的照明。吊灯较其他灯具体积更大，多用于整体照明，有些吊灯也可用于局部照明。吊灯因为多安装于室内空间的中心位置，是引人注目的自发光物体，同时又具有很强的装饰性，所以它的造型和艺术形式在某种意义上决定了整个空间环境的艺术风格。

2.吸顶灯

吸顶灯是直接吸附在顶上的一种灯具，占用空间高度少，常用于高度较小的空间中。

吸顶灯光源包括带罩和不带罩的白炽灯及有罩无罩的荧光灯。灯罩的形式多种多样，有方形、圆形、长方形及凸出于天棚外的凸出形和嵌入到天棚内的嵌入型等多种。

吸顶灯在使用功能及特性上与吊灯基本相同，只是形式上有所区别。吸顶灯具有广普照明性，可做一般照明使用。

3.壁灯

壁灯是安装在墙壁上的灯具，分为贴壁灯和悬壁灯。壁灯具有一定的实用性，如在室内局部其他灯具无法满足照明时，使用壁灯是不错的选择。壁灯同时也具有极强的装饰性，不仅可以通过灯具自身的造型产生装饰作用，同时灯具所产生出的光线也可以起到装饰作用。另外，将它与其他照明灯具配合使用时，可以起到补充室内光环境，增强空间层次感，营造特殊的氛围的作用。壁灯品种繁千姿百态，可任意选配。

4. 台灯

台灯是在家具上的有座灯具，常放在书桌、茶几、床头柜上。台灯属于局部照明灯具，主要作为功能性照明，往往兼具装饰性。台灯多数情况下是可以移动的，同时还可以作为一种气氛照明或一般照明的补充照明。

5. 立灯

立灯也称落地灯，一般是以某种支撑物来支撑光源。从而形成统一的整体。可以放在地上，并可根据需要面移动。立灯属于局部照明，多数立灯可以调节自身的高度和投光角度，很容易控制投光方向和范围，常放在沙发边上。立灯的式样有直杆式、抛物线式、摇臂式、杠杆式等。立灯在一般情况下主要作为功能性照明和补充照明使用，兼具有装饰性。

6. 镶嵌灯

镶嵌灯是装饰造型上的灯具，其下表面与顶棚的下表面基本相平，如筒灯、牛银灯等。镶嵌灯不占空间高度，属于局部、定向式照明灯具，光线较集中，明暗对比强烈，主题突出。嵌入式灯具的优点是它与天棚或装饰的整体统一，不会破坏吊顶艺术设计的完美统一。嵌入式灯具嵌入天棚或装饰内部而不外露，所以不易产生眩光。

7. 投光灯

投光灯是能够把灯光集中照射到被照物体上的灯具，属于局部照明灯。投光灯一般分为两种，一种为固定灯座的投光灯，另一种为有轨道的投光灯。投光灯可以凸显被照物的地位，强调它们的质感和颜色，增加环境的层次感和丰富性。投光灯光线较集中，明暗对比强烈。一方面被照物体更加突出，引人注意，另一方面未照射区域能得到相对比较安静的环境气氛。

8. 特种灯具

特种灯具是各种专门用途的照明灯具，可分为观演类专用灯具和娱乐专用灯，且观演类专用灯具一般用于大型会议室、报告厅、剧场等如散光灯（或泛光灯）、舞台上做艺术造型用的回光灯、追光灯、舞台天幕的泛光灯、制造天幕大幅景的投影幻灯等。娱乐专用灯具一般用作舞厅、卡拉 OK 厅或文艺晚会演出中，如转灯（单头或多头）、光束灯、流星灯等。

9. 实用性灯具

实用性灯具有实用性，如衣柜灯、浴厕灯、镜前灯、标志灯等。

（四）照明的方式

1. 一般照明

一般照明也叫整体照明，是指大空间内全面的、基本的照明，特点是光线分布均匀，空间场所宽敞明亮。一般照明是最基本的照明方式，一般选用比较均匀、全面的照明灯具。

2. 局部照明

局部照明也叫重点照明。是专门为某个局部设置的照明。它对主要场所和对象进行重点投光，光线相对集中；亮度与周围空间的基本照明相配合。常使用方向性强的灯，并利用色光来加强被照射物表面的光泽、立体感和质感，其亮度是基本照明的 3 ～ 5 倍。

3. 混合照明

一般照明和局部照明相结合就是混合照明。混合照明就是在一般照明的基础上，为需要提供更多光照的区域或景物增设光度，来强调它们的照明。

4. 装饰照明

装饰照明是以装饰为目的的照明，其主要目的不是提供照明度，而是增加环境的装饰性。增强空间层次、制造环境气氛。装饰照明可选用装饰吊灯，壁灯，挂灯，也可以选用 LED 灯、霓虹灯等。装饰照明能够组成多种图案、显示多种颜色，甚至能够闪烁和跳动。使用装饰灯具时注意效果设置要繁华而不杂乱，并能渲染室内环境气氛，以更好地表现具有强烈个性的空间艺术。

5. 标志照明

标志照明的主要目的不是提供照度，而是为使用者提供方便，指具有明显指示或提示作用的灯具。一般常用于大型公共空间中，常在出入口、电梯口、疏散通道、观众座席等处设置灯箱，用通用的图例和文字表示方向或功能的灯箱就属于标志照明。另外，对人们的行为有特殊要求的，如禁止吸烟、禁止通行、禁止触摸等提示灯箱，也属于标志照明。标志照明应该醒目、美观，还要尽可能使用通用的文字、图案和颜色。

6. 安全照明

安全照明是一种用于光线较暗区域的照明，目的是在不刺激使用者眼睛的情况下以微弱的光线提供一定指示，如电影院观众厅走道区城的地脚灯、宾馆客房靠近踢脚的地脚灯等。

7. 应急照明

应急照明是在正常照明电源中断时临时启动的照明，主要用于商店、影院剧场、医院、展馆等公共空间中的疏散通道及楼梯中等。

（五）灯具的散光方式

1. 直接照明

直接照明的特点是全部或 90% 以上的灯光直接照射到被照物体上。其优点是光的工作效率很高，亮度大、立体感强，常用于公共大厅或局部照明。灯具下端开口的吸顶灯、吊灯、筒灯和台灯等皆属于这种类型。

2. 间接照明

间接照明是因光源遮蔽而产生的照明方式，先照到墙面或天花板，再反射到被照物体上。通常和其他照明方式配合使用以取得特殊的艺术效果。其优点是光线柔和，没有明显的阴影，常用于暗设的灯槽属这一类。灯具上端开口的壁灯、落地灯和吊灯等都属于间接照明。

3. 漫射照明

漫射照明是利用灯具的折射功能来控制光线的眩光，将光线向四周扩散。其特点是射到上、下、左、右各个方向的灯光大体相等，光线柔和、视觉舒适，灯具采用乳白散光球罩的吸顶灯、半透明的球形玻璃灯、吊灯和台灯等皆属于这种类型。

4. 半直接照明

半直接照明特点是 60% ～ 90% 的灯光直接照射到被照物上。灯具光源下方是用透明的玻璃、塑料、纸等做成的灯罩。被罩光线又经半透明灯罩扩散而发生漫射。其光线比较柔和，剩余的发射光通量是向上的，通过反射作用于被照射物体上。半直接的照明方式在满足照度的同时，也能使周围空间有一定的照明。光环境明暗对比不是很强烈，但主次分明，总体环境是柔和的。灯具灯罩上端开口较小而下端开口较大的吊灯和台灯等皆属于这种类型。

5. 半间接照明

半间接照明的特点与半直接照明相反，半透明的灯罩在光源的下部，即 60% ～ 90% 的灯光首先照射在墙面或顶棚上，只有小于一半的光直接照射在被照物体上。半间接照明能产生比较特殊的照明效果，使较低矮的房间有增高的感觉。灯罩上端开口较大而下端开口较小的壁灯、吊灯及檐板采光等属于这种类型。

（六）光环境设计的作用

光的环境对公共空间有以下作用。

1. 营造自然光环境的作用

自然光在室内可以营造成一个光环境，满足人们视觉工作的需要。从装饰角度来讲，自然光除了可以满足采光功能之外，还要满足美观和艺术上的要求，这两方面是相辅相成的。

2. 界定空间

在公共空间中，界定空间的方法多种多样，自然光可以作为界定空间的方式之一。在不同的时间，不同的区域中自然光线具一定的独立性，可达到构建虚拟空间的目的。

3. 改善空间感

自然光线的强弱与色彩等的不同均可以明显地影响人们的空间感。例如，当日照充足的中午，自然光线直射时，由于亮度较大，较为耀眼，给人以明亮、紧凑感。自然光线略有不足之地，光线照射墙面之后再反射回来，会使空间显得较为宽广。自然光线会给室内增添不同于人工光线的感觉，柔和的自然光线会使人感受安静、温暖。在较低的空间中，自然光线的引入会使空间有高耸感。在空荡，平淡的空间中，自然光线的引入，光影的变幻会使空间变得灵动与活泼。自然光线在不同时间、不同角度的照射会给人以不同的空间感。

4. 烘托环境气氛

合适的自然光线引入公共空间后，不仅能起到节约能源、绿色环保的作用，还能使各个界面上照度均匀，光线射向适当，无眩光阴影，方便、安全、光线不造作、美观，与建筑相协调。利用自然光的变化及分布来创造各种视觉环境，可以加强室内空间的氛围。利用自然的光与影可以创造出一个完整的建筑室内外的艺术作品，产生特殊的格调并加深层次感，使室内气氛宁静且不喧闹。

二、公共空间设计与人体工程学

（一）人体工程学与公共空间的关系

人体工程学在公共空间中的作用有以下几点。

①人体工程学中有关计测数据能够根据人的尺度、活动范围、动作领域和心理活动等确定人在室内活动的范围。

②人体工程学是依据人体尺度的标准，为家中设施和家具的尺度提供具体的数值，由于这些室内设施都是为人所用，所以人体工程学也解决了在使用这些家具设备的同时，还要留有人们活动空间的问题。

③提供适应人体的室内物理环境的最佳参数。室内物理环境主要包括室内热环境、声环境、重力环境和辐射环境等。室内物理环境参数能够帮助设计师做出合理的、正确的设计方案。

④人体工程学还为人体感觉器官的适应能力做出了计测，人体工程学通过对人们的视觉、听觉、嗅觉和触觉做出了相应的研究，得出的数据能为室内的照明设计、室内空间环境设计等提供依据。

（二）人体基本尺度

空间的大小、形状等诸多因素影响着公共空间的设计，人在空间内的活动范围是公共空间设计中最主要的影响。人体空间构成包括以下几个方面。

1. 人体构造

人体的运动系统主要是由骨骼、关节和肌肉构成的，这三部分在神经系统的支配下能完成人体一系列的运动。人体的骨骼是由颅骨、躯干骨、四肢骨三部分组成的，关节的主要作用是连接各个骨骼，肌肉中的骨骼受神经系统的指挥而收缩或舒张，以协调人体各个部分的动作。

2. 人体尺寸

人体尺寸是人体工程学研究的最基本的数据之一。这个尺寸即人体在静态时所量取的尺寸，这个尺寸因国家、种族和性别的不同而不同，例如，欧洲与亚洲人的身高具有明显的差异。

功能尺寸是指人在室内各种工作和生活活动范围内的尺寸，是在动态的人体状态下测量出的数据，是人活动时肢体所能达到的空间范围。

功能尺寸进行设计时，应该考虑使用人的年龄和性别差异，以及对大多数人的适宜尺寸，并以安全性作为前提。

3. 残疾使用者的人体工程学尺寸

在公共空间中不能忽略一个重要群体——残疾人。设计中要充分考虑残疾人的需要，体现人文关怀。在各个国家，残疾人都占一定比例。要考虑乘轮椅患者及能走动的残疾人的使用要求，必须考虑他们的辅助工具（如拐杖、手杖和助步车等）的设计，以人体测量数据为依据，力求使这些工具能被安全、舒适地使用。

第三节　公共空间设计的艺术特点

一、公共空间设计的风格

（一）新古典主义风格

新古典风格是在传统装饰风格的基础上，进一步强调传统美学的运用。新古典主义风格为了达到传统装饰的美学，更加突出建筑装饰在空间中的运用，虽然这是新古典主义风格，但这也是为了展示出传统设计端庄、典雅的效果。

新古典主义风格不排斥在建筑结构和装饰材料中与现代技术和现代材料相融合，因为有的人习惯现代空间的使用，并且习惯现代化的公共空间的功能，但总体的设计效果还是会呈现出古典主义的风格。

（二）现代主义风格

现代主义风格产生于 1919 年，这种风格是在俄国构建主义和荷兰风格派的基础上形成的。现代主义风格打破了传统风格，更加强调创造新形式，更加重视空间的规划功能，注重空间本身的形式美，在造型设计上更简洁明了。

现代主义风格反对在空间设计上追求华而不实的工艺，更加注重材料本身的质感和色彩的搭配。现代主义风格延续运用了非传统功能布局中不对称的设计方法，也是为了和工业生产能够联系，也更加符合现代人生活的审美。现代主义风格深受人们生活方式和生活观念的影响。

（三）后现代主义风格

在现代公共空间设计中更加流行后现代主义风格，后现代主义风格的形成主要是基于现代主义风格的发展，后现代主义风格与现代主义风格相比，其更加追求实用性和视觉审美的结合。

后现代主义风格不局限于传统风格的逻辑思维方式，其通过不断的探索创新更多的造型手法，更加注重建筑或室内的装饰的历史延续性。人们能够在后现代主义风格中体会到更多的人情味，因为后现代主义风格与非传统混合，运用隐喻等手段，将感性和理性融入建筑中，将传统和现代建筑形象融为一体，能够鲜明地体现出它的特点。

（四）自然主义风格

我们大多数人将自然主义风格又称之为"田园风格"，自然主义更强调的是在空间设计中与大自然相融合，能够真正地体现出自然美。装饰材料也偏向自然性和天然感。在装饰技术上多采用手工化技术，能够体现出自然主义风格简易化的特点。

在自然主义风格中更多使用的是手工装饰品，这样能够在空间中营造出淡雅、纯真、舒适的氛围，这也是自然主义风格最大的特征。

（五）混合型风格

混合型风格是在公共空间设计中采用的多元化风格，其不仅具有现代化风格的实用性，又能在汲取传统风格的基础上，在装饰陈设中将古今中西的物件融为一体，能够在空间设计中呈现出不同的美感。

混合型风格在空间设计中别具一格，混合型风格运用多种手段将不同的设计风格融为一体，深入将色彩、材质、形态各个方面融为一个整体的视觉效果，并且混合型风格追求的是经济、实用和美观。

二、公共空间设计的现代流派

（一）光亮派

光亮派是指在空间设计中对材料和工艺的光亮效果有一定的要求。一般会在室内中运用大量的玻璃、镜面、抛光石材等装饰材料，也会利用灯具和光源形成光彩夺目的室内环境。光亮派更加追求丰富、戏剧性的艺术效果。

（二）白色派

在公共空间设计中也有人称白色派这种流派为平淡派，因为这种流派在室内设计中运用大量的白色元素作为基调，比较简洁朴素，但又能感受到其中的微妙变化。

由于白色派以白色为基调，所以能够让人们在其中感受到纯净、文雅的气氛，这样的环境能够让人们的心情平静下来，并且会产生美的联想，所以在现代生活中白色派深受大家的喜爱。

白色派的空间设计不仅在空间设计上过于简化，在室内的装饰上也运用了许多简化风格的陈设饰品。白色派选用白色对空间表面进行处理，具有更为深刻的思想内涵。

（三）风格派

风格派的空间设计更加注重色彩和造型方面的设计，有鲜明的个性特征。风格派中认为人们的生活环境是真实的，将这种真实的生活环境生活化，风格派中在进行室内装饰和家具的选择时常用集合的形式。

第四章 公共空间的艺术设计

公共空间设计是指运用一定的物质技术手段与经济能力，以科学为功能基础，以艺术为表现形式，建立符合人们物质与精神方面需求的内部环境。本章对于公共空间艺术设计的研究，主要从四个方面来进行，即公共空间艺术设计的原则、要素、形态构成，以及空间组织。

第一节 公共空间艺术设计的原则

一、实用性原则

随着社会的发展，人们的生活水平不断提高，科学技术有了很大的进步，人们对于公共空间功能的要求越来越多样化，公共空间艺术除了具有传统的设计理念、设计方法外，还有很多新增的功能需要，这是我们在设计中必须要注意的。公共空间设计的基本原则是实用性原则，可以从使用功能、安全意识和精神功能三个方面来考虑。

（一）使用功能

绝大部分的建筑物和环境的创建都具有十分明确的使用功能，满足人的使用要求是公共空间设计的前提。另外，投资者和未来的使用者如果对使用价值有明确的要求，设计方案就必须要体现出该项目的使用价值。

（二）安全意识

防火、防盗功能是公共空间设计不容忽视的重要部分，如大型公共场所必须具备安全的疏散通道、烟感应系统、自动喷淋装置，所使用的装饰材质必须是对人体无毒害的绿色环保产品。

（三）精神功能

精神功能主要表现在室内空间的气氛和感受上，如法院在设计上往往以体现庄严肃穆为主，其特点是空间高大，色彩肃穆。生活化的场合，如家庭、文体中心、商场等，要以欢快、活泼的设计风格为主，空间自由灵活，色彩丰富多变。

二、舒适性原则

公共空间对于大众利益的理解和服务有特殊的责任，好的空间设计应该做到为人服务、以人为本，不仅仅是为了满足人们活动的需要，如游玩、购物、观赏等，更为了给予现代人心理与生理的美好体验。根据人的工作需要、生活习惯、视觉心理等因素，设计出一个人们普遍乐于接受的环境是公共空间设计的最终目标。许多大型公共空间出现了很多公共休闲区域、等候区域和共享区域，这些区域为了更好地服务于人，提供了如报纸、杂志、饮用水等设施，以便更好地满足人们的各种需求。

舒适性体现在空间的尺度、材料的使用、色彩与文化心理等多个方面。公共空间设计需要最大限度地满足现代人的生存需求，创造出具有文化价值的生存空间，体现出民族性、传统性，以及地方特色和文化底蕴，并与现代人的生存方式相结合。公共空间的设计提倡营造民族的、本土的文明，提倡古为今用、洋为中用等。

三、技术与工艺适用原则

公共空间设计是一个全方位的、综合思考的过程，除了对结构、功能、色调等方面的考虑外，还要对材料和技术工艺运用进行分析。结合当地的材料和技术条件，以及成本进行方案设计，是公共空间设计的一个重要原则。

（一）运用新材料

传统材料伴随着人类的发展，已经有数千年的历史，对于人类无论是生理上还是心理上，都难以改变其深刻的烙印，传统材料能给人们带来一种安定、熟悉的心理感受。而新材料的应用是势不可挡的，2010 年在中国上海举办的世博会，可以说是吸引了全世界人民的目光，各个国家的场馆争奇斗艳，如英国馆的种子触须、西班牙馆的藤条外衣、意大利馆的透明混凝土等。世博会无疑也是新材料一展芳容的"秀场"。

（二）运用声、光、电等新技术

声、光、电等新技术使用普遍。例如在公共空间中，可视图像代替了传统的宣传版面，公共空间的导引系统更多利用大屏幕或电脑的触摸装置，使人们更方便、更快捷地获得服务。这些功能极大地满足了人们对于休闲、娱乐和提高工作效率的愿望，既增加了实用功能，又使设计更具科学性与艺术性。

四、形式美原则

公共空间艺术设计的风格、流派，都要遵循一定的形式美法则。它是人类在创造美的过程中总结的规律和经验，是客观世界固有的内在规律在艺术范畴中的反映。美法则作为艺术创造和形式构成的基本法则，具有稳定性。

设计是一种视觉造型艺术，为了更好地带给人们美的感受，必须以具体的视觉形式来体现。因此，人们想要获得优美的表现形式，就必须了解和认识形式法则，它不仅可以帮助人们深化表达展示的理念，还能使人们在展示形式构成中更好地锤炼素材、判断优势。

（一）对称

对称是一种古老而有力的构图形式，是一种静止现象，主要是指中心轴四周的形象相同。我国古代许多建筑都是采用对称形式呈现的，如宫殿、墓室、庙宇和四合院等。人体也是诸多对称形式的产物之一，在自然界中，动物的四肢、树木的枝叶、鸟禽的翅膀等都是对称的形式。

对称可以分为以下两种形式。

1.完全对称

完全对称主要是指以中心点为轴，其两边或周围形象完全相同。通常这种完全对称的形式会给人有序、安稳的感觉。

2.近似对称

近似对称富有对称性质，主要是指宏观上的对称。近似对称追求有序中求活，不变中求变，是一种在局部上多样变化的形式。

在空间构图的过程中，合理运用对称会带给人们一种庄重、大方的感觉。由于它在知觉上无对抗感，能使空间容易辨认。但这种构图形式处理不当也会出现许多问题，比如效果过于呆板、单调。因此，在形成整个格局后，需要调整和转换局部细节。

为避免出现单调、呆板的效果，可以采用以下方法。

①方向翻转。以中心点为轴，可以通过颠倒左右方向，或者颠倒正背方向，使空间产生一种动感。

②改变动态。通过改变轴线两边的姿势动作，从而使空间产生一系列微妙的变化。

③形状转换。通过改变中心轴两边的形象，为空间增添变化。如体量、姿态相同的形象等。

④调整体量。调整画面上形象的大小或虚实，使轴线两边的形象产生一些差异。

（二）均衡

在地球引力场内，物体需要具备一定条件来保持平衡和稳定，如山体形状上小下大、人类左右对称的形态、鸟禽对称的双翼，以及树木四周对应的枝桠等。自然界这些客观存在不可避免地反映于人的感官，同时必然也会给人带来启示。凡是符合上述条件的，都会使人感到均衡和稳定，而违反这些条件的，则会使人产生不安的感觉。

在公共空间范畴内，均衡是使各形式要素的视觉感保持一种平衡关系，指自然界中相对静止的物体遵循力学原则而普遍存在的一种安定状态，也是人们在审美心理上寻求视觉心理均衡感的一种本能要求。

均衡可以分为以下两种方式。

1. 静态均衡

相对静止条件下的平衡关系，称为静态均衡。即以中心点为轴形成对称的形态。对称形式由于中轴线两侧具有严格的制约关系，因此容易获得统一性。通过对称既可以取得平衡，又可以组合成一个有机的整体，给人一种严谨、理性和庄重的感觉，这也是很多古典建筑优良的传统之一。

2. 动态均衡

动态平衡是一种非对称的平衡形式，主要通过不等质或不等量的形态形成一种不规则均衡，也可以称为杠杆平衡原理。即通过一个远离中心的小物体同一个靠近中心的、较为重要的大物体来加以平衡，各部分之间的重量感形成一种相互制约的关系。动态均衡给人以灵活、感性的感觉。

（三）对比

对比是表现形式间相异的一种法则，主要指各形式要素之间不同的性质对比。其主要作用是构造形式活力，以及产生生动的效果。

对比作为美的重要法则被广泛运用。例如，从清代学者王夫之的《画斋诗话》中可以了解到对比具有强化、渲染主题的作用。对比对人的感官有较强的刺激，是一种差别的对立，容易使人产生兴奋感，使形式更富有魅力。对于设计，对比是形式中最活跃的积极因素。

对比包括形状的对比、位置的对比、方向的对比、尺寸的对比、肌理的对比、色彩的对比等多个方面，内容十分丰富。具体体现在各类要素的组合关系中，如形体、构造、背景、装饰物等，即包括在直线与曲线、明与暗、凹与凸、暖与寒、水平与垂直、大与小、多与少、高与低、轻与重、软与硬、锐与钝、光滑与粗糙、厚与薄、透明与不透明、清与浊、发光与不发光、上升与下降、强与弱、快与慢、集中与分散、开与闭、动与静、离心与向心、奇与偶等差别要素的对照之中。处理好这些要素在空间中的对比关系，是设计形式取得生动、鲜明的视觉效果的关键因素。

（四）反复

相同的要素按照一定规律重复出现称为反复。主要用于创造形式要素间的秩序和节奏。在知觉上，减少对抗和杂乱感的产生；在视觉上，由于对象反复出现，有助于加深印象，增加记忆度。

反复作为一种古老的形式被广泛运用，它是使具有相同或相异的视觉要素获得规律化的方法，如色彩、肌理、尺寸、形状等。

反复可以分为两种形式。

1. 单纯反复

主要指形式要素按照相同的位置、距离简单地重复出现，给人以单纯、清晰、连续、平和之感。

2. 变化反复

变化反复是指形式要素在序列空间上，采用不同的间隔方式来进行重复，给人以反复中有变化的感觉，不仅能产生节奏感，还会形成单纯的韵律美。

（五）渐次

渐次主要是指表现出方向规律，且连续出现近似形式要素的变化。渐次与反复有相同之处也有不同之处，相同的方面是两者都按一定秩序不断地重复要素，不同的方面是各要素在多个方面有渐次地增加或减少的等级变化不同，如数量、色彩、距离、形态、位置等。

在客观世界中，渐次无处不在，如石头扔到池塘中荡漾的涟漪、电线杆从近高到远低的变化、宝塔在层高上层层渐次的变化、树枝上的叶子从大渐小的变化、雨后的彩虹等。

渐次的特征是通过要素形式的连续近似创造一种动感、力度感和抒情感。它是通过要素的微差关系求得形式统一的手段。无论怎样极端化的对立要素，只要在它们之间采取渐次递增或渐次减少的过渡，都可以产生一种秩序的美感。

渐变美的核心是按比例实行量的递增或递减，使同一要素一直流畅地贯穿下去，如果轻易地改变秩序，会导致失去这种渐变美。当然，渐次并不绝对排斥局部节奏的起伏。在反复和渐变构图要素中，如果突然出现不规则要素或不规则的组合，会造成突变，给人以新奇、惊愕之感，使人的注意力变得集中，这种方法也能取得意想不到的效果。

（六）节奏与韵律

1. 节奏

节奏原指音乐中交替出现的规律强弱、长短的现象，喻指均匀的、有规律的进程。节奏是一个具有时间感的用语，从构成设计的角度来看，节奏是同一要素重复时产生的运动感，是连续出现的形象组成的韵律，同时它也是客观事物合乎周期性运动变化规律的一种形式，因此，也可以称为有规律的重复。

节奏不仅可以使各种形式要素富有机械美和强力美，又明确了各要素之间的关系。自然界中许多事物和现象，其秩序的变化和规律的重复通常能激发人们的美感，从而出现具有条理性、重复性、连续性为特征的韵律美。

2. 韵律

韵律作为形式要素规律重复的一种属性，是规律的抑扬变化，其特点是使形式更具律动的美。在人们的日常生活中，到处都存在着这种抑扬变化的律动，如人的呼吸和心跳、各种生理活动等。

节奏和韵律既有区别又有联系，韵律是节奏的深化，节奏是韵律的纯化，两者相辅相成，缺一不可。它们的主要作用是使形式产生情趣，并赋予形式抒情的意味。

韵律按形态可以划分为激动的韵律、雄壮的韵律、复杂的韵律、自由的韵律、静态的韵律、旋转的韵律、微妙的韵律、单纯的韵律等，对空间设计而言是极为丰富的手段。由于韵律本身具有明显的条理性、重复性、连续性，因而在建筑设计领域借助韵律处理，既可以建立一定的秩序，又可以获得各式各样的变化。

（七）主从

主从是指同一整体在不同的组成部分之间，由于其位置、功能的区别而存在的一种差异性。就像自然界中植物的杆与枝、各种艺术形式中的主题与附题、花与叶、动物的躯干与四肢，主角与配角等都表现为一种主从关系，对各组成部分不能一律对待，需要加以区别，如核心和外围的差别、重点和一般的差别、主与从的差别等。各要素平均分布，同等对待，难免会流于松散单调。

（八）调和

调和是指在同一整体中各个不同的组成部分之间具有的共同因素。调和在自然界中是一种常见的状态。比如地球表面覆盖着的植被，有乔木、灌木、草本植物和苔藓植物，它们的形状、姿态尽管千差万别，却有着共同的颜色。因此，大地植被给人们的整体视觉感是协调、悦目的。

调和在设计中具有积极作用。它不仅要对比部分之间的类似要素，还负责平衡类似与相异之间的关系。从调和的特征来看，差异要素具有丰富的内涵，能带给人们明快、鲜明、清新、强烈、有力的感受。而类似要素能带给人们抒情、稳定、柔和、平静、含蓄的感受。

（九）变化与统一

变化与统一是自然界一切事物的基本规律。在客观世界中，各种事物既有相互排斥的因素，又有可调和的因素，共同组成对立与统一的矛盾。在艺术形式范畴中运用时，既对立又统一的规律逐渐转换为变化与统一的形式美感规律。主要体现在形式构成各个要素之间的关系中，即有区别又相互联系的关系。变化是指对照的相异关系，主要体现在形式要素的区别中；统一是指相同或相似的关系，主要体现在形式要素的联系中。变化和统一是取得形式美感稳定的、永恒的规律，它不断在区别中寻求和谐，在协调中寻求丰富。

变化和统一是形式美感法则的中心法则，也是形式构成中最为重要的法则。它包含和统管着具体法则的所有内容，如对称、均衡、节奏、韵律、主从、反复、渐次、对比、调和等。例如，在形式构成中，渐次在秩序中不能落于平淡，太规则时应注意幅度的微妙调节；单反复应避免重复流于单调，注意调节细部的处理；对称应调节局部使其产生微妙的变化，避免造成呆板；对比太刺激容易使人产生不适感，应注意增强量的调和；调和应调节微量的对比，避免过于暧昧与平庸；混乱容易破坏平衡，应调节内在的秩序使其产生均衡感。

变化和统一在形式构成中相辅相成，缺一不可，但两个因素不能处于等量的地位。例如，追求安定、平和，可强调统一；追求刺激，可加强变化因素。所有法则在具体运用时，都充分体现了变化和统一的根本要求。

变化和统一是矛盾的两个方面。两方面相互对立，但又是不可分割的一个整体。中国画的形式构成中常以"相兼"来调节矛盾的两个方面的相互关系，如方中见圆、圆中见方、疏密相兼、虚实相兼，即把矛盾的两个方面调整为兼而有之的一种美感追求。设计构成中，如果能使形体、装饰物、构造、背景等构成要素在许多矛盾中兼而有之，如虚实、松紧、轻重、繁简、开合、疏密、聚散、黑白、大小等，不仅能使空间呈现出有秩序、调和的视觉形式，更更使其富有生动、活泼的特性。

形式中的变化统一关系，是矛盾的要素相互依存、相互制约和相互作用的关系。它最突出的表现就是和谐，而这里的和谐，并非消极的变化和简单的协调统一，而是积极的变化，使互相排斥的要素有机地组合。一个优秀的设计形式，如果缺乏统一，则必然杂乱无章。和谐样式不是信手拈来、随意而得，而是从变化和统一的相互关系中得来的。故应认真研究和掌握既变化又统一的相互关系，并将其有效地运用在设计形式的构成之中。

第二节　公共空间艺术设计的要素

一、实体要素

具有三维空间特征的实体形态，是由点、线、面、体组成的，并且通过点、线、面的运动产生各种形状，最终形成空间的形态，增强了人们对空间的视觉认知性。

公共空间设计的分布形态可以分为三种，即点状布局、线状布局、面状布局。在环境内部的空间形态中，存在着点实体、线实体和面实体。应该从两方面考虑其分布方式，一是应完全考虑到整体的视觉需求进行布置，二是应按照功能要求进行布局。

（一）点

点没有体型或形状，是概念性的。点通常以交点的形式出现，其主要作用是构成形状的支点。点是具有视觉意义的形象，在人们的日常生活中随处可见，例如在环境艺术设计中，一件家具对于一个房间、一幅装饰画对于一面墙都是点。通常这些很小的点在室内空间中具有以小压多的作用。

（二）线

点通过不断运动和延伸形成线，是面的边缘和界限。线又可以分为直线和曲线，许多复杂的线形都是由线与线相接产生的，例如直线相接可以组成折线、曲线相接可以组成波形线等。

1.直线

直线还能细分为水平线、垂直线，以及斜线。

线可以清楚地表明尺度较小的面和体的轮廓、表面。线通常存在于各个材料之中或材料之间的结合处，如柱的结构网格、展现空间中梁、门窗周围的装饰套等。

2.曲线

曲线大致可以分为三类，即自由形、有机形和几何形。

直线和曲线相辅相成，在设计时同时运用，会产生更为丰富的效果，给人们一种刚柔相济的感觉。

不同样式的线，以及不同的组合方式往往还带有一定的地域风格、时代气息或人（设计师或使用者）的性格特征。

（三）面

面是由扩大点或增加线的宽度形成的，是线在二维空间运动的轨迹，同时面也可以当作体和空间的界面，面的主要作用是限定体积或空间界限。

在三维空间中，面还可以分为直面和曲面两种类型。

1.直面

直面是人们日常生活中最为常见的一种类型。虽然单独的直面会给人呆板、平淡的感受，但是对直面进行有效的组织之后，同样也能使其获得富有变化的生动效果。

直面经过组织后可以形成折面和斜面，在规整的空间形态中，斜面可以为其带来丰富的变化。如楼梯、室外台阶等。

2.曲面

与直面相比，曲面更富有弹性和活力，不仅能为空间带来明显的方向感，还能带动其流动性。

从曲面的外侧来看，能带给人们较为强烈的空间和视线导向性，例如起伏变化的土丘、植被等自然环境中的各种地貌。从曲面的内侧来看，其内侧区域感十分清晰，能带给人们一种较为强烈的私密感。例如，家具不同的颜色和材质会产生不同的视觉效果。

（四）体

由线的旋转和面的平移形成的三维实体，我们将其称为"体"。人们在理解"体"时，需要融入时间因素，使其形象更为完整、丰满。

体可以分为两大类，一类是不规则的自由形体，另一类是有规则的集合形体。在空间环境中，通常由规则的几何形体组合构成"体"。

由于体的重量感与尺度、材质、各部分之间的比例、色彩，以及造型等方面存在一定的联系，因此，人们常常将体的概念与量、块等概念联系在一起。

在公共空间艺术设计中，通常由线、面结合在一起形成体，但是仍将这一要素作为单独的个体。

二、虚体要素

虚体要素可以分为四部分，即虚的点、虚的线、虚的面和虚的体，其中虚的体又可以看作是另一种阐释的空间。

（一）虚的点

在空间环境中，通过视觉感知过程形成的视觉注目点，称为"虚的点"。它不仅可以吸引人对空间的关注和认知，还能有效地控制人的视线。

虚的点通常分为三大类，即通过视觉感知的透视灭点、视觉中心点和几何中心点。

1. 透视灭点

所有的空间物体都存在透视，人们通过视觉感知到的透视汇聚点，称为透视灭点。空间形态受空间物体透视的影响，当人们观察空间物体的角度发生变化时，空间的视觉形态也会随之转变。

人们的观察位置和空间布局决定了空间透视灭点的位置。在公共空间设计中，调整空间布局和观察位置是处理空间透视效果最有效的方法，不仅能使空间更加完整，还能赋予其变化性和方向性的视觉形象。

2. 视觉中心点

在空间中，制约人的视觉和心理的注目点，称为视觉中心点。空间各个环节要素的布置和观察者的位置影响着视觉中心点的位置。在环境设计中，可以根据设计场所的需要设置一个或多个视觉中心点。

3. 几何中心点

空间布局的中心点称为几何中心点，并且与空间的构成要素存在着对应关系。西方国家普遍以这种对应关系构成园林的格局。

（二）虚的线

在公共空间中，虚的线随处可见，它并非是实际的可视要素，而是作为想象中的要素存在的。

人们通常将其分为两大类，即轴线和断开的点。

1. 轴线

在公共空间布局中，轴线主要是指控制空间结构的关系线，如对位关系线、几何关系线等，是一种常见的虚的线，对公共空间布局到决定作用。因此，各个要素可以在这条虚的线上作相应地安排。

在公共空间设计中，可利用对称性突出轴线，通过两侧布局的对立关系，如小品、树木、建筑、绿地等，加上其他景观要素，达到强化轴线感觉的目的。轴线是连接各个景观的重要部分，可以通过视觉转换连接不同位置的景观要素，使其成为一个整体。

人们常常会因小空间带来的感觉并不强烈而忽视轴线，但要素之间有明显的对应关系时，会使轴线产生强烈的存在感，从而引导人的视线和行为。因此，人行动的流线通常与轴线相重合。

2. 断开的点

间断排列的点会给人一种心理上的连续感，并形成一种区域感和界限感。例如，平面图上的列柱，以点的方式排列连成虚的线，使人从心理上产生分割空间的感觉。

另外，日常生活中还存在着带有特殊意义的虚的线，如光线、影线、明暗交界线等。

（三）虚的面

虚的面是指由密集的点或线形成面的感觉。例如，百叶窗帘、由珠子串联在一起的门帘等，从心理上使人产生一种空间界限。由此可知，被虚面划分的空间局部，具有强烈的联系感，既分又合，隔而不断。

另外，还有一种视觉上并不明显的虚面，如教堂室内空间的列柱、街道两旁的路灯杆等。

（四）虚的体

虚的体具有一定的边界和限定，使空间产生体的感觉，所以它既是体又可以作为一种特殊类型的空间，虚的体内部是空的，如室内空间。反之，每一个相对独立的实体因"力场"的影响，都有属于其支配的空间范围，从而产生无边界的空间。实体和虚体的对立统一是室内外空间的典型特征，为使两者达到形体与空间的有机共生，需要结合实际情况，调整具体的尺度关系、台地、尺寸大小和光色等因素。

实面和虚面都可以作为虚体的边界，所围出虚体的内部空间是积极的、内敛的。例如，常见的沙发、圈椅、火车座，以及围绕柱子而设计的圆形休息座都会带给人们一种强烈的安定感。

第三节　公共空间艺术设计的形态构成

一、空间形态构成的基本形式

（一）几何形

在公共空间设计中，几何形是环境构成的重要组成部分。它可以分为直线型和曲线型两种截然不同的类型。其中直线型包括多边形系列，曲线型则以圆形为主。在几何形所有的形态中，圆形、正方形、三角形是人们最为熟悉，也最容易记住的形状。球体、圆柱体、圆锥、立方体等都是将几何形转换为三维概念的体现。

（二）自然形

自然界中的各种形象和体型，称为自然形。在保留自然形天然来源的根本特点的基础上，还可以加以抽象化。

（三）非具象形

非具象形可以分为两种，一种是基于本身的纯视觉的几何性诱发形成的，另一种是按照某一程式化演变而来的，且携带着某种象征性的含义，例如书法、符号等。

二、空间形态构成的模式分析

空间感的变化受空间诸多构成因素的影响，如材质、比例、形式、尺度和色彩等。

正与负的关系、图形与背景的关系，以及形与底的对立统一关系是形成空间静态实体与动态虚拟相互关系的关键。

（一）静态实体构成模式

1.构成空间形态的垂直要素分析

与水平的面相比，垂直的形体更为活跃，更容易引起人们的注意。垂直要素在室内外空间中起着重要的作用。

①垂直的线要素。空间的体积需要转角和边界的限定，线要素的主要目便是限定环境中要求有视觉和空间连续性的场所。垂直的线要素还有许多

其他功能，如形成一个空间的中心点、成为一个象征性的视觉要素、为空间提供一个视觉焦点、终结一个轴线等。

②垂直的面要素。在室内空间中，一个单独的垂直面的视觉特点与单独的线不同。可以将其作为分隔空间体积的一个片段。在人们的日常生活中，最为常见的是室内空间的固定屏风，不仅具有一定的视觉观赏性特征，又具有空间的过度作用。

面必须与其他的形态要素相互作用，才能限定一个空间的体积。从视觉上来看，一个面表现空间的能力受高度的影响，空间领域的围护感随面的高矮变化。同时，人们对面的视觉分量和比例的感知，受其表面的形成要素、图案、色彩、材质等方面的影响。平面和曲面、实面和虚面都会带来不同的视觉形态和视觉感受。

垂直的面要素还包含了多种形式的垂直面，如 U 形的垂直面、平行的垂直面、L 形垂直面等。

①U 形垂直面。其特点是具有独特的有利方位，并且与相邻空间保持视觉上的连续性。生活中有许多利用 U 形垂直面限定空间区域的实例，如沙发围合的 U 型区域等。

②平行的垂直面。平行的垂直面容易在限定的空间范围内产生较为强烈的方向感和外向性。在设计过程中，通常采用增加顶部要素或处理基面的方法来强化空间的界定。平行面相互之间的变化容易产生空间的视觉趣味，如形式、色彩及质感等。

③L 形垂直面。容易产生强烈的区域感。

2. 构成空间形态的水平要素分析

在公共空间艺术中，室内外空间的水平要素通常以最为丰富的点、线、面的形式呈现。

根据空间尺度的大小变化，点、面作为水平要素，其概念既是可以相互转化的，又是相对的。在城市景观设计中，点和面的概念基本相同，因此，水平要素通常以面作为基本特征。

①基面。在公共空间设计中，基面大多数用来划定虚拟空间领域，通过对其明确表达，赋予其细部一定的风格要求。

在特定的空间领域内，基面下沉能体现出空间的内向性和私密感；基面上抬则体现出了空间的外向性或中心感。

②顶面。顶面的距地高度、尺寸和形状决定了顶面空间的形式。室内空间的顶棚面能充分反映出具有支撑作用的结构体系形式。除此之外，顶面也可以与结构分离，作为视觉上的积极因素。

由于顶面可以有多种特殊造型，因此，还具有强化视觉趣味和风格要求的作用。例如，在室外空间设计中，用混凝土、金属、木质等不同材质制作的葡萄架、回廊等。空间的视觉效果随着顶面图案、材质、色彩，以及形式等方面的影响产生变化。

（二）动态虚拟构成模式

1. 空间形态的时空转换

在空间设计中，应该全面思考人与空间变化的实体要素、时间要素之间的关系。不论静止还是运动状态下，要都能使人对环境空间感到协调统一，又充满了变化。

人对空间的感受和环境审美感觉会随着行进速度的不同发生改变。因此，人的行进速度与空间感受之间的关系是环境艺术设计中重点研究的内容，不仅会对环境的空间布局带来影响，还与特定空间环境要求密切相关。随着经济的发展，人们的生活水平逐渐提高，兴趣、审美日趋多元化，使其对所处的环境要求越来越高，使空间环境使用功能走向多元化。因此，环境空间设计的艺术处理手法和表现形式受多元化的影响，逐渐发生着改变。

2. 空间形态的动与静

空间的构成形态除了结构形态还包括空间的方向、空间的动线组织、空间的组合、空间的形状，以及空间的其他造型要素等。通过各个形态要素之间的联系，可达到提高环境空间生机和活力的目的。

空间形态的动与静是对空间组织的特定要求，两者是相对的。不同类型的空间根据其空间功能的需要对动与静的要求不同，如动中有静或静中有动；以动为主或以静为主，动静结合共同构成空间形态的特征。如购物中心要求动、静结合，阅览室要求以静为主等。

①动线。指影响空间形态的主要动态要素，也可以理解为空间中人流的路线。空间中对动线的要求主要可以分为两个方面，一是功能的使用方面，二是视觉心理方面。人在环境空间中基本体现为动与静两种形态，在特定的空间中，逐渐转化为交通面积与实用面积。从空间环境的平面划分中可以看出，占有交通面积的是动线，而以静为主的功能空间是指人的行、走、坐、卧等行为特征停留的特定空间。

②光影。空间环境的光影变化会产生动态效应。生活中一些特殊动感不仅可以营造出丰富的空间层次，还能强化空间形态中动的因素，如人工照明、自然光的移动等。

③水体与绿化。在公共空间设计中，水体与绿化作为构成要素占有十分重要的地位，各种基本形态要素都能通过水体和绿化得到充分体现。从空间环境整体的角度来看，水体和绿化不仅蕴含着内在的生命活力，更是一种含蓄的动、静结合。

④方向。指不同形态的空间表现性格和表情的依据，是所有空间形态的关系要素之一。水平和垂直方向的空间带给人们不同方向的动感，但方向性较强的空间也容易使人们产生心理上的不稳定。因此，在进行空间设计时，需要采取动静结合的方法，合理的组织静态要素，不仅要给人以心理上的平衡感，还要满足功能上的要求。

⑤构件与设施。通常建筑的大型构件都具有较强的动态特征，容易对空间的动态效果产生影响。许多设施的形态要素都对动与静有影响，如自动滚梯等。空间形象的运动与动线相结合，达成与静态要素的有机统一，构成特定空间的主旋律。

⑥构图。主要指由各个空间组织形成的关系，是空间形态动与静构成的重要因素。空间的手法会给人们带来心理上的动静结合的感觉，如并列、围合、通透、穿插等。

非对称布局蕴藏着勃勃生机，能够给人带来一种灵活、轻松的动态感受。与非对称的灵活空间相比，对称的布局呈现的庄重感、稳定感，以及宁静感更为明显。

第四节　公共空间艺术设计的空间组织

一、空间的基本关系类型

（一）包容关系

较大的空间内部包含一个相对较小的空间，两者之间的关系称为包容关系，又称为母子空间，是对空间的二次限定。在视觉和空间上二者相互联系，从视觉上来看，二者的联系有利于视觉空间的扩大，容易引起人们情感的交流；从空间上来看使人们行为上的联想成为可能。

一般来说，母与子两个空间在尺度上存在着明显的差异，子空间的尺度过小，会使整个空间效果显得过于空旷；相反，子空间的尺度过大，会使整个空间效果显得过于压抑。因此，在空间设计的过程中，可以通过改变子空间的形状和方位，丰富空间的形态。

（二）邻接关系

当两个空间能够相互联系，并拥有共同的界面时，称为邻接关系。在空间组合关系中，邻接关系是最为常见的，不仅能保持空间的相互连续性，还能保持其相对的独立型。邻接两空间界面的特点决定着空间独立与联系的程度。界面可以分为虚体和实体，例如，虚体可采用家具、界面的材质、色彩，以及高低的变化等来设计。实体一般采用墙体来设计。

（三）过渡关系

由第三个空间来连接、组织其他两个空间之间的关系，称为过渡关系。第三个空间可以称为中介空间，具有过渡、缓冲和引导连接空间的作用。当第三空间与连接空间的形式不同时，能充分体现出它的过渡作用；当它与连接空间的形式、尺度相同时，会产生一种空间上的秩序感。人们通常根据被连接空间的形式和朝向来确定过渡空间的具体形式和方位。

二、空间的组合方式

空间可以分为以下四种组合方式。

（一）线式

线式空间是由相似的空间不断重复出现，或者结构特征、功能性质、尺寸、形式相同的空间组合而成的。也可以使一连串形式、尺寸不同的空间沿轴线组合起来。

线式空间组合可与其他的空间组织融为一体，也可以终止于一个主导的空间或形式。其特点是简便、快捷，适用于医院病房、住宅单元、教室宿舍、旅馆客房、幼儿园等建筑空间。

（二）放射式

放射式空间组合方式是由若干向外放射状扩展的线式空间和一个主导的中心空间组合而成。与集中式空间形态不同，主要通过现行的分支向外伸展。

在放射式空间组合中，风车式的图案形态是一种特殊的变体。它的线式空间沿着规则的中央空间的各边向外延伸，在视觉上产生一种旋转感，形成一个富有动感的风车图案。

（三）网格式

网格式空间组合是空间的位置和相互关系受控于一个三度网格图案或三度网格区域。图形的规则和连续性形成了网格的组合力，并且渗透在多变的组合要素之间。

网格式空间组合可以删减、增加或层叠空间，因其同一性不会随之改变，所以具有组合空间的能力。

（四）集中式

集中式空间组合是由次要空间围绕空间母体进行组织形成的。通常表现为一种稳定的向心式构图。

第五章 公共空间艺术设计的过程与多样性

在公共艺术创作中需要全方位的探究，也就是从不同的角度多种方式去探讨，较全面地去审视各种因素对作品的内外关系，多样的表现方式、方法，以及对作品创作产生的积极影响，以选出最佳创作方案，去更好地推动作品的创作。本章主要从公共空间艺术设计的参与、公共空间艺术设计的互动，以及公共空间艺术设计的过程等几方面进行了深入论述。

第一节 公共空间艺术设计的参与

一、公共空间艺术设计的表现与构成形式

（一）表现形式

1.公共艺术的表现手法

公共艺术造型形态的创造必须以一定的表现形式出现，通常运用以下几种手法。

（1）提炼、概括

公共艺术注重形式的变化，追求大的形式和简洁明快的形象。因此，提炼、概括的手法是公共艺术的语言特征之一。提炼、概括是将自然形态最具表现力的审美特征简化为单纯、明晰的艺术审美形态，从而构成公共艺术在造型、形式、审美等各方面最基本的元素，是把自然形态进行加工、升华的过程。

（2）节奏、韵律

公共艺术运用排列、交叉、重复和渐变的方法，通过组合不同的密度、强度和长度，形成静态、动态或优美的韵律，并且这一韵律富有极强的感染力，从而由特定的造型语言和形象特征形成节奏分明、律动起伏的形式美感。

其形式主要有对称均衡、非对称均衡、重复节奏、渐变节奏、调和等。对称均衡在公共艺术中是使动力与重心两者达成安定感的一种法则。对称是

指造型空间的中心点两边或四周的形态具有相同且相等的量，给人以一种庄严、静穆之感。对称的形式有点对称、轴对称和面对称。非对称均衡是指一个形式中两个相对部分不同，但因视觉量感相同或相似而产生的平衡现象，它能给人以轻松、活泼，富有变化的美感。重复节奏是指在公共艺术中形、色、肌理、材质等造型要素上有间隔地进行重复。有规律的重复出现，由于规律重复的结果，会给人以律动的感觉。渐变节奏指在公共艺术的造型要素中按照一定规律渐次发展变化，其中有形态的大小渐变和形态的阴影渐变等。渐变能产生柔美、轻快、舒慢的感觉。所谓调和，即在组织和结合造型要素时，实现各要素之间统一和谐的美感，包括类似调和、对比调和两种，有形的类似和对比、色的类似和对比等。

（3）夸张、变形

夸张是刻意加强其特征，使被夸张的部位重度加强，而成为形式上的主体。主要有指引、对比、特异等形式。指引是一种有意安排，将视觉诱导到重要的焦点上形成强调的效果；对比是利用形、色、质的强烈对比，使对比双方更加突出和鲜明；特异是在一种有秩序的规律中，突然出现一个或两个违反规律的个体，以达到突出重点的目的。特异形式视觉冲击力强，有一种先入为主的气势。

变形是通过对自然物进行艺术变形以达到艺术美感的要求，从而取得大众审美快感的一种形式，主要有人物变形、动物变形、植物变形等。任何一切形式法则其最根本的目的是创造唯美、夸张、变形、抽象的艺术装饰效果，最终成为建筑及景观环境空间中的审美形态。

（4）程式化

指在某种制约前提下形成的一种规范模式。如造型艺术最小的语言单位点、线、面、体基本元素，在视觉上给人不同的感官和心理反应，经过组合会产生各式造型形态的视觉感受与心理反应。

2. 公共艺术的表现形式

包括公共空间中的雕塑、公共空间中的壁画、多元化的公共艺术形式（地景艺术、新材料的艺术、光电的艺术、空间与表现的艺术、解构与装置艺术及其他），以及时空上能够和公共发生广泛关系的艺术样式，它强调公共性和公共的价值观念，在当代艺术和社会关系中，这是一种新的取向，它不仅是对美化城市和美化环境的追求，而且还是对社会效益的追求，并且也体现出了对社会公众的沟通和关怀。

（1）公共空间中的雕塑

①公共空间中的雕塑。其一，公共空间中的雕塑和地域文化。公共空间中的雕塑，不仅是人类的精神需求，而且在城市文化中也处于重要地位。著名的广场、雕塑、凯旋门设计，不仅体现了环境和文化的权威性，而且还体现了古典的风格和传统的英雄形象。在体验这些作品的过程中，生活在这些环境中的人会产生一定的情感，而情感反过来又会产生意念、欲望、决心甚至行动。观众的起伏情绪正是城市雕塑创作的初衷所在。

尽管地域文化在一定程度上制约了城市雕塑的发展，然而，正是由于种种因素的制约，才使得形成的地域文化具有丰富的个性，使其既有主观感受，又有审美意义。

城市公共空间中的雕塑可以说是城市的象征，通常而言，在世界发展史上，随着城市地位的提高，人们越来越重视城市公共空间中的雕塑，并逐渐渗透到人们的日常生活中。

在公共艺术中，在公共场所放置雕塑具有真实的体量感和很强的观赏性。它能经受长时间的侵蚀，这是人类脆弱的生命所不能匹敌的。作为公共艺术的一部分，城市雕塑凝固了城市的形象和旋律，可以称之为历史的纪念碑和文明的窗口。它不仅要适应城市的总体格调和环境，展现城市的历史文脉、文化特色和自然生态背景，还要大胆创新，积极引入艺术创作的新观念，从而使公共艺术品格具备时代特性。

其二，公共空间中雕塑的形式特征。一般来讲，可以将公共空间中的雕塑分为以下几种类型：标志性雕塑、纪念性雕塑和主题性雕塑。

标志性雕塑能够集中、概括地表现城市特色。不仅可以彰显该城市独特的人文精神，而且可以使人们拥有一种共通的情感和意识，从而能够加快形成社会共同的价值观念。

城市标志性建筑是一种物质载体。一般来讲，城市标志性建筑所表达的形式和精神含义决定了其是否能成为该城市的形象，此外，公众的认可最为关键，也就是说该标志是否能凝聚该城市的文化内核——整个社会的共同价值观念，在其他地区乃至全世界都得到了公众的认可和尊重。

美国纽约港的《自由女神像》体现了美国自由、民主、平等的价值观；《海的女儿》体现了丹麦人民追求幸福生活的价值观；《撒尿的小孩》体现了比利时人蔑视强大敌人的价值观，这些雕塑如果没有这些优秀的人文精神作为陪衬，那么将只能作为一种普通的城市装饰，而不能作为城市的灵魂。

广州越秀公园的五羊雕塑源自一个两千多年前的传说，五位仙人骑着口含谷穗的五羊飞临广州，把谷穗留给了广州人民，祝福人民年年五谷丰登，永无饥荒,然后驾云而去,羊化为石。从此,广州得名"羊城",五羊也成为城市标志。1989年重新修饰,扩展为"五羊仙庭"。

公共纪念性雕塑不仅反映了社会的主导意识形态,而且还传播了主流文化价值观,所以,应该从国家利益出发,使公共纪念性雕塑和环境的关系满足社会意识形态的要求。

广场空间往往设置大量的古代石碑、古埃及方尖碑等,在整个场所中,雕塑主体成了控制性视点。1806年,夏尔格兰负责动工建造了法国巴黎凯旋门。它位于香榭丽舍大街尽头的一个宽阔的星形戴高乐广场,是按照拿破仑的命令用来纪念法国战争胜利的。在凯旋门的各个面上都雕刻有巨大的浮雕,其中最精美的一幅位于面向香榭丽舍大街右下侧的浮雕(马赛曲),上面描绘着义勇军出征的壮丽场景。

现代城市纪念性雕塑突破了传统形式,逐渐发展成为更贴合公众的结构方式,例如,位于上海南京路的五四运动纪念碑,其不锈钢主体雕塑的材质具有丰富的年代感,以及强大的抽象词汇,勾起了人们对去过去抗争奋斗时代的回忆。葛洲坝工程纪念碑则呈现出深沉、稳健气概。美国越战纪念碑,采用反传统高大的纪念碑形式,用嵌入式的"V"字形黑色墙体,两端分别指向林肯纪念堂和华盛顿纪念碑。

主题性雕塑是一种城市空间艺术,它的存在依托于城市的建筑空间,通过与其他空间的整合,发挥凝聚力和维护作用。主题性雕塑注重环境和建筑的完美结合。公共环境中的城市雕塑之所以没能发挥其艺术震撼力,主要是因为造型的内在精神与外部形式和环境相分离,没能创设满足观赏者审美要求的文化氛围。

如今,现代城市公共运动中心往往具备内涵深刻的作品,要想对纪念性作品进行设置,那么就必须运用一定地域文化传统的符号来协调居民之间的关系,增强居民的共同意识。

深圳大型纪实雕塑有效消除了城市雕塑的叙事传统,让平民发挥主导作用,以随机性取代典型性,大大削弱了雕塑家的作用,却竖立起一座市民纪念碑。它强调严谨、理性的方法论意识,使它的每个结论都有数量的依据,并贯穿公共艺术,它提出必须尊重民意的思想,接受观众提出的意见和建议,为我国公共艺术自觉的方法论做出有益尝试。该项目从策划、组织到实施的过程,均以社会为主导。《深圳人的一天》选择了1999年11月29日,这一个平凡的日子,由雕塑家、设计师、记者组成小组,遵循陌生化和随机性的原则,在深圳街头任意寻访18个各阶层的人,雕塑家把他们的形象完全真实地展现了出来，并赋予了真实的社会生活背景，将这一天各种人物活动的一瞬间用青铜材料永恒地记录下来，呈现在公众面前。

②环境雕塑。其一，园林中的雕塑。公园不仅是城市景观的一个重要组成部分，而且也是城市人放松、娱乐的最佳场所。一个好的公园有助于城市良好形象的塑造。在公园环境中，公共艺术的表现应该与公众更加贴近，从而实现人与环境的共融、共生。

公园雕塑作品的设置应该统筹考虑公园的性质和特点。与此同时，也可以将公园设施设计成一个公共艺术品，例如，可以在儿童公园里设置一些简单、有趣的造型道具供儿童玩耍；可以在自然风景区设置具有地域文化特色的健康、开放的雕塑，从而能够培养游客的情感；可以在购物中心共享空间设置一些具有现代感的雕塑，可以是那些具有超前性的艺术品，从而能够赢得顾客的信赖；民间庙宇适合设置通俗、平易的具象雕型，使信仰者内心充满平和；市政大楼广场公园中则可设置象征城市气质与现代形象的作品，以凸显城市的现代精神风貌。

西班牙著名艺术家高迪设计的巴塞罗那威尔公园是一个成功的例子，它采用典型的风格，有强烈的形式感，对称的入口，五颜六色的碎彩瓷片拼花墙面，结合山势地形，由石头构筑的山洞与长廊，山腰上平台广场上放置一圈弯曲的石凳，模仿长龙造型，似龙体、似摇篮，使游人依附并忘情其中，供人休息，亲近自然，充满稚拙与灵气。它出自大师与工匠之手，是一件真正由民众参与，共同完成的作品。

陵园也是公园，陵园文化也是人类文化的一部分，一座国际化的大城市一定要有与其相配的艺术化陵园。如中国有著名的"十三陵""明孝陵"，巴黎的拉兹神父基地、维也纳的中央基地，意大利米兰莫文达内基地，莫斯科新处女地公墓或圣彼得堡艺术家基地等，人们都会被那里的优美环境、风格多样的艺术雕塑所吸引。

随着城市景观建设的发展，出现了更多新形态的公园，如雕塑公园、主题公园。出现了汇集雕塑精品的园林式场所，如广州雕塑公园、杭州西湖国际雕塑公园，这些都属于综合性雕塑公园，有较高的艺术质量，是公众性的艺术欣赏场所。

其二，具有观赏性、趣味性、装饰性的雕塑。在公共空间中创造舒适、便捷的环境，追求空间的视觉审美感受和人性化是满足现代人物质空间要求之后的又一境界，人们需要一个能够满足他们生理、心理和行为需求的精神空间。

装饰性雕塑不仅抒情、有趣，而且还可以不受常规的限制，更具吸引力，从而为人们带来美的享受。尽管装饰、观赏、趣味都能满足人类的审美需求，但是雕塑仍是其中的主角。通常而言，它与功利之间的关系淡薄，是人类本原的追求。早在古希腊时代，一些包括公共剧场、广场、体育场等在内的公共场所，就会设置各种各样的雕塑，不仅满足了人们的使用功能，而且还同样具有装饰和欣赏的功能。

观赏性雕塑是一种基于特定环境的创作设计，它不仅能够反映、诠释和强化环境特征，并且还能营造生动的视觉空间。位于法国巴黎蓬皮杜艺术中心右侧的小广场上的几组幽默的安置于水池中的动态雕塑，不仅可以随意升降，而且还可以旋转和喷水，具有多样化的展示方式，由于其动态的装置、丰富的色彩和波普文化的造型，所以使得一个公共活动和休闲中心得以形成。

趣味性的雕塑在一定程度上使周围的环境充满了活力，并且也活跃了周围的空间，一些雕塑利用夸张造型并赋予一定的寓意，还有一些雕塑甚至再现了某些情节，使得空间的灵性和环境的诗意大大增加。

如何使雕塑进入环境，本质上是雕塑家和环境对话的方式，其对话的有效性在于对话平台的互动性，通过雕塑家的语言方式，使环境被赋予了更多的创造性和启示性意义，通过山、水、人的交流和融合，使雕塑作品和优美的自然环境和谐共生。

③建筑化的雕塑。建筑和雕塑二者是一对孪生兄弟，这主要是由于建筑艺术和雕塑艺术都在一定程度上对人们起着引导作用，使人们能够欣赏和体味空间，然而二者在功能方面有着不同的侧重点。所以，城市雕塑与建筑环境是密不可分的，不能只谈论城市雕塑而不谈及建筑环境。

英国学者彼得·柯林斯认为："我们从过去40年中所目睹的变化，并非是雕塑从建筑中消失，而是建筑已经变成了抽象雕塑的一种形式的事实。"在传统建筑环境中的雕塑艺术，通常作为装饰附着在建筑表面，从而能够更好地烘托环境气氛，并能够点缀建筑环境。新建筑形式的出现在一定程度上改变了雕塑的存在形式，使之能够与整体环境相融合，成为一种具有新形态的结构化建筑，同时也不再是一个孤立的空间环境，它将几种艺术形式融为一体，构成了一个全面的艺术空间。在建筑环境中，雕塑已经成了一项不可分割的重要组成部分，甚至很难区分建筑和雕塑之间的差别。如广州中日甲午海战纪念馆、北京的钟楼、鼓楼、大前门、天安门等都可以称得上是雕塑化的建筑，再如建造于巴黎拉·德方斯的小区建筑、雪铁龙公园水墙拱廊、伦敦建筑区域过街出口等。从这些例子中，我们能够理解现代建筑和雕塑的有机结合，在建筑构造中，雕塑语言已经成了一种最直接的表达方式。

（2）公共空间中的壁画

①壁画的特点。壁画这一艺术形式是最古老的，并且壁画艺术的功能要求也比较独特，随着新观念、新材料、新工艺的出现，壁画艺术的功能要求也在逐渐发生变化。所谓壁画，即制作和装饰时要根据建筑墙面空间的要求，不仅要与建筑环境的要求相适应，而且还要能够反映作者的意图和感受，此外，还要表现一定的内容、情节和工艺材料的美感。壁画在一定程度上满足了公共空间的装饰需求，通过运用各种形式法则，突出形式美的表达，注重形象性，从而使表现的艺术形式符合环境要求和经济规律。

现代壁画的兴衰在一定程度上取决于经济和城市公共艺术的发展。壁画创作中产生的各种矛盾，随着壁画工作的完成而得到解决。解决的过程必然要遵照一定的原则，按照环境空间的功能进行设计的原则是壁画创作的基本原则。这个原则在所有壁画创作中起着重要的作用，它为壁画作为建筑功能的一部分，或独立存在的一幅画，划分了一条界线。艺术创作上的主观精神和艺术审美的各种因素，是壁画创作创新的必要条件，合理使用材料、充分发挥装饰壁面的形式美，才能创作设计出优秀的壁画作品。

②壁画的选题。壁画的选题受特定的建筑环境的限制，要服从建筑环境的需要。一般来说，壁画都是为公共建筑设计的，由于公共建筑具有不同的使用功能，因此产生的建筑空间也会不同，不同的建筑空间对壁画也存在不同的要求，如车站、旅馆一类建筑，客流量大，用一些有地方特色、风景名胜、历史故事、民俗及民间艺术的题材为宜；餐厅、酒吧、咖啡厅则需要内容安静、抒情的题材，如山水、歌舞；舞厅则需要一种欢快、浪漫的内容；纪念性建筑选题应该是纪念性或永久性的题材；医院、疗养院、休息厅里的壁画应选择抒情性的内容；运动场、体育馆的壁画应选择内容活跃、富于生命力的题材，与运动生机物的特定环境空间一致。

③壁画材料的选择。壁画材料的选择与构图设计、色彩设计密切相关。现代科技为壁画增加了许多材料选择的可能性，然而建筑在一定程度上限制了壁画材料的选择。它要求壁画材料的永久性，要求壁画选择耐久性材料。古代的壁画基本上都是采用矿物质颜料、胶彩、蛋彩、油画颜料绘制而成。作为永久性壁画，材料应具备耐晒、耐腐蚀和便于清洗的特点。

现代建筑一般要求墙面的肌理是柔和的，同时也要求作为墙表面而存在的壁画，表面肌理效果也应该是柔和的。这样，在选择壁画材料时必须考虑建筑材料与壁画材料肌理的和谐问题。那些表面刺眼反光的材料不适合作大型壁画。恰当的材料可以更好地加强建筑空间的气氛。

最终选择材料的前提。公共艺术设计师不仅要了解各种材料的成本和工艺过程，而且还要了解各种材料的生产周期等，从而以最少的投资，取得最大的艺术效果。

原始壁画的材料是简单的，工具是简陋的。那些石壁上的雕刻和岩画之所以显得粗犷，主要是由于材料和工具的变革，壁画的形式与效果也产生了变异。壁画的材料多种多样，并且每一种材料的特点也都各不相同，因此，每种材料都有自己独特的表现形式。壁画材料对壁画设计的限制作用主要表现在构图方面和色彩处理方面。

④壁画在建筑中的运用。建筑是三度空间艺术，是虚与实的艺术。建筑实体是为组成使用的空间而存在的。

一般而言，通过壁画能够在一定程度上扩展建筑空间，突破墙面二维空间的局限，采用构图、色彩等方法，使其具有一定的立体感。

欧洲古典壁画大都采用这种形式，这种具有扩展作用、突破建筑实体限制的壁画，一般都用传统的写实方法绘制，有较强的真实性与立体感。现代国外建筑外立面也出现了这种壁画，改变了原有街道空间状况，扩展了街道空间。但这种壁画是用颜料绘制的，不能保存过长时间，并且也不能与现代建筑相协调，因此很难得到广泛应用。

现在，人们开始关注墙壁的存在价值，建筑要求壁画不能破坏墙面二维空间的平面性，以保证墙壁的限定功能，这种思潮的改变，带来壁画表现形式的平面化和装饰化。

当人们在现场观看壁画时，通常会被巨大的壁画"包围"，从而感到自己真正置身于壁画空间中。对于壁画而言，其中最为重要的就是壁画的画面形象尺度，建筑空间对壁画提出了几项要求，一方面，壁画要具有扩展或限定空间的功能，另一方面，还规定了壁画构图的疏密和形象尺度。对于小空间的室内壁画设计而言，我们必须要把握一定的形象尺度，避免形象过大与变形，此外，在设计室外大型壁画时根据仰视角度的大小，对形象尺度和疏密关系加以调整。

不同形式的壁画应该满足不同的建筑功能的需要，对于纪念性壁画而言，其构图的骨架往往将垂直线、水平线作为构图因素，构图要给人以一种庄严、肃穆、崇高的感觉；对于娱乐性壁画而言，其运动线往往采用曲线几何，配以立面，从而营造一种欢快、抒情的旋律。其次，必须充分考虑建筑空间对壁画的影响，从而采用"对比式"或"谐调式"的构图形式。由于建筑的各个部分具有不同的功能，所以建筑空间也会存在不同的大小和尺寸。

⑤壁画的类型。从广义上来讲，只要不增加外框，那么我们通常认为可以与建筑物形成统一整体的墙面绘画都能称之为壁画。单纯从材料上来看，

可以将壁画分为以下几种类型：手绘壁画、玻璃钢壁画、毛编织壁画、金属壁画、仿石壁画、石材壁画、木质壁画等。

其一，手绘壁画。手绘壁画包括油彩、油漆、丙烯和其他用于绘制的壁画，其中最受欢迎的就是丙烯画。

丙烯颜料作为化学合成的一种凝胶材料，具有一系列的优点，比如：干燥后能形成坚固的表面，防水性良好；柔韧性能良好，不受底面膨胀和收缩的影响；迅速干燥，能够重复叠加上色，为工作室的绘制提供了方便，突破了只能现场绘制的局限性，从而便于更好地制作壁画。

丙烯料不宜绘制在光滑的物体表面，只要底面不过于光滑，它就有很强的黏结力。水是丙烯料的基本调色剂，其他如胶凝调色剂、慢干剂、乳胶都可以成为调色剂。丙烯颜料可以画到除光滑表面的任何材料上，因此，像木版、水泥墙面、麻布、棉、丝、沙石等都可以作为它的依托材料。

其二，玻璃钢壁画。玻璃钢具有高强度、质量轻、易于制作的特点，可用于室内或室外，还可以按照设计要求创作具有写实性、变形性或抽象性的作品。一般可以将玻璃钢壁画分成以下两种类型：镂空和浮雕。对于大型壁雕而言，通常会按照创作构思提前对比模型进行制作，确认模型之后，将其放大为 1∶1 的泥稿，在多次的塑造和修正之后，翻制成玻璃钢，经过脱模和表面处理之后，安装完成。玻璃钢壁画有时可以直接在现场制作，在建筑立面上做浮雕，并用玻璃纤维和树脂进行雕刻，这需要熟练的制作技术和在整体上把握造型的能力，以避免形式上的混乱。

玻璃钢壁画不仅能与建筑紧密配合，还能够升华建筑本身的精神，使其充满新意，丰富多彩。

其三，毛编织壁画。毛编织壁画手感好、柔和，以其温馨的感染力广泛用于室内装饰，它加强了人与环境的关系，成为公共空间装饰中重要的组成部分。

毛编织壁画可分为贴墙壁挂和空间悬挂两种。以立墙为依托的编织壁挂的特点是手感柔和、色形亮丽和美观高雅。编织方法以平编、浮雕为主。空中悬挂式壁挂的用材多种多样，毛棉丝麻、金属、陶瓷、木石塑料都可以做成很好的壁挂形式。空中悬挂式壁挂的形式语言多种多样，如层次错落、穿插照应、条理与秩序、节奏与韵律、对立与调和等艺术语言。具体的创意设计，不要求对客观物象进行再现，而注重艺术个性与材料性能的发挥。

编织壁挂一般采用纤维制作，或用纤维材料做连贯的纽带，可以编成平结，也可以出绳、出穗，也可以与其他材料结合，创造出多层次、多色彩的变化，如重叠、镂空、集束、缝合、片剪等。

其四，金属壁画。金属壁画有较久远的历史，工业材料的发展变化为金属壁画提供了广阔的前景。金属壁画以其独特的强度和材料之美显示出了强大的生命力。金属壁画的特点有以下几种：耐热、寒，高硬度、强度，经久耐用。

早期金属壁画的制作材料多为铜材，因其延展性好、耐腐蚀而被广泛使用。高科技的发展促进了金属材料和加工工艺的发展，随着新材料的逐渐增加，在壁画的表现中出现了一些电镀、抛光等肌理变化，并与各种材料作品相结合，出现了各种各样的壁画形式。目前，金属壁画广泛应用于现代城市的公共场所。

金属材料主要有铜材、铁、钢，并且也常用于壁画中，大部分都表现出了力度美。不锈钢作为一种新型材料，常用于现代的金属壁画中，不锈钢的优点主要有明亮、质轻、美观大方，并且克服了铁锈的缺点。彩色不锈钢板更是一种新型的壁画材料，其不仅色彩鲜艳，而且耐腐蚀，其他如铝材也是一种理想的壁画装饰材料。

其五，仿石壁画。仿石，也称人造石，是仿天然石料的材料。它是以水泥为主的凝胶材料，加以各种颜色的石粉和建筑胶，通过模具加以成型。它不仅具有装饰性，而且在视觉上与天然石材十分接近，具有较强的耐久性，以及比较廉价的成本。它可以根据需要加工，造型和面积也不受限制，适合研制各种几何形体的抽象作品。它的质感古朴大方，能与建筑有机结合。

其六，石材壁画。石材是最古老的建筑材料，用于壁面的装饰艺术，有较为悠久的历史。石材主要有耐热、耐寒、耐磨及坚硬等特点，并且在建筑中是不可或缺的一项重要材料，其作为一种壁画材料，最早主要过多地应用于写实性浮雕中，而到了如今的现代壁画，逐渐具有更加丰富多彩的形式。

用石材制作的壁画，经受长时间的日晒雨淋，更显古拙苍劲的韵味和历史痕迹。在中外艺术史中留下的许多不朽之作，为后人所瞻仰观赏。石材不仅具有自然的纹理，而且还具有丰富的质地，很容易与建筑融为一体，展现出特别的美感。

一般而言，可以将石材分成花岗岩和大理石两类。由于作品质地的不同，通过利用石材本身的质地纹理特征，可以使制作出来的壁画具有不同的装饰效果。

其七，木质壁画。木材是建筑中不可缺少的材料。木质材料是壁画家喜欢使用的材料，从古代埃及木质装饰到中国各朝代的木质饰物，在装饰史上留下了不少经典之作。木材为人们创造了舒适的生活空间，也为文化生活的提高做出了贡献。

木材质地轻盈、温馨，有较强的硬度而不显得冰冷。加工性能良好并能与各种材料结合，可产生粗犷的造型，也可精雕细刻。它以柔和的色泽，美丽的纹理，自然朴实的品质展示在人们的生活空间中。

木质壁画一般选用木质细而软的木材，如秋木、水曲柳、椴木、黄杨、银杏、紫植等，木质壁画在制作完成的后阶段，要进行打磨抛光并涂新色，使其纹理色彩凸现，并对表层产生保护作用。

（二）构成形式

公共艺术通过不同的造型元素和造型方式表达设计师的思想情感，而造型元素是形体造型的基础。公共艺术作为人类精神的物质产品，人们在改变物质形态的同时也注入了精神意志。因此，公共艺术以物质的方式存在于空间中，这一过程也就是以人们精神的需要去改变物质形态的过程。另外，物质材料本身具有艺术性和实用性特征，根据作品内容与应用性需要，有必要对创作品进行色彩装饰处理。因此，在公共艺术的形态构成中，我们至少应该把握好四个方面的基本元素，包括造型、色彩、空间结构和材料运用。

1.公共艺术的造型

公共艺术首先以"形"的概念来构建，是以"自然形""抽象形"作为造型思维的出发点，因此，造型通常分具象形和抽象形态。具象主要有写实、夸张、变形等形态。抽象形态主要指非再现性的、不具体反映客观实像的造型，是对造型元素、线、面、体的综合创造，如造型中的几何形、有机形等。

2.公共艺术的色彩

彩色抽象雕塑克服了雕塑色彩单一的公共艺术在其色彩运用上存在着一定程度的局限性的不足，一般在色彩设计之前必须要对建筑及景观环境特征有所了解，还要兼顾到建筑和环境设计师对整体色彩的设想与布局，所以，在色彩的色相、明度和纯度上都要根据周围建筑及景观环境的诸多因素进行运用。公共艺术的色彩主要有三种形式：材料固有色、描述性色彩和装饰意味的色彩。材料固有色就是运用材料本身的质地进行艺术表现；描述性色彩是运用色彩对自然进行描述，如彩绘；装饰意味的色彩是以设计师个人主观创作理念，根据作品的内容要求及环境对雕塑的要求进行的主观色彩表现。

3.公共艺术的空间结构

在公共艺术的空间形态中，可以根据空间形态的表现方式，将空间形态分为现实空间和虚拟空间。所谓现实空间是指雕塑形态自身所占有的那部分空间，而虚拟空间则是指雕塑形态在空间中的围合空间。

4.公共艺术的材料

把握材料与环境的关系，是公共艺术与建筑及景观环境达到完美统一的关键。对于公共艺术，材料不仅可以完成作品本身的形式美感，而且能更进一步完成艺术家对于建筑及景观环境的理解和情感的寄托。

公共艺术的材料主要有金属材料、石材、木材、纤维和复合树脂五种。金属材料以铜、钢、铝、金、银及合金为主；石材主要以大理石、花岗岩、汉白玉等为主；木材主要有樟木、银杏、楸木、椴木、榉木、黄杨木等；纤维主要有天然动植物纤维（丝、棉、麻）或人工合成纤维；复合树脂是一种高分子化合物的统称，一般是无定型的固体和半固体，分为天然树脂和合成树脂两大类。

二、公共空间艺术设计的参与

互动首先得参与。做任何一件事情都需要参与，只有参与才有互动，互动才有结果，所以说参与是做任何事的基础，艺术创作也不例外。参与艺术创作不是孤立的行为，需要艺术的欣赏者参与。艺术家与观者互动是非常必要的。公共艺术特质的缘故，它更需要艺术家、观众共同的参与与互动。

在公共艺术创作过程中需要参与，这种参与，一是与内，二是与外。与内也就是与自己、与经验对话。在生活中能够积累很多的经验和知识，这些经验足以提供给我们灵感和创作经验，通过对这些灵感和经验及知识对话发现问题、解决问题。通过广泛的外界接触，吸取精华。在创作中，非常有必要对外界丰富的创作经验加以借用。通过各种信息媒介与想法，丰富创作想法。作品就是借用构成的因素，运用金属材料的特质，对灵感和创作经验进行发问。

（一）广泛参与

艺术家要广泛参与，包括作品的参与、过程的参与、与外界的参与及各个方面的参与，要通过各种渠道参与艺术设计。

（二）大众化

大众化的作品，让大众积极地参与，参与才能了解当时的文化、人文、历史，从而贴近大众，使艺术具有公共效果。

第二节　公共空间艺术设计的互动

一、艺术的互动

艺术种类是丰富的，艺术间的借鉴与互动足以提升艺术创作的质量。我们在创作中互相借鉴，使得艺术的界线越来越模糊，也给我们提供了更丰富的参与外界艺术的机会。在信息社会的国度里，充斥着各种信息，推动各种艺术从单一或纯粹性向丰富性上发展，并走向多元化。很多艺术本身就是公共艺术作品，还有些艺术作品的属性稍加，变动成了公共艺术品，比如当代的雕塑和装置有时很难区别，把过去单一的雕塑加入其他的元素就会变成装置。壁画也好、玻璃画也好，稍加粉饰就会变成公共艺术，称为互动的艺术。其实类似这样的艺术形式还有很多。

二、设计的互动

我们的生活离不开设计。设计间相互参与，设计与艺术互动设计，与公共艺术共融，这些足以改变设计与艺术的属性。

公共艺术不是一个固定不变的特有名词，它的意义在特定环境下具有公共艺术的属性，是可以相互转换的。特别是在信息万变、视觉翻新的今天，更应该多角度、多方位、多理念地去看待公共艺术所涉及的内容与方面。

我们的生活都离不开设计。设计的意义在今天显得尤为重要。通过这些作品我们感觉到设计就在我们的生活中，它的公共艺术属性显得更加贴近百姓，贴近大众。艺术离不开设计，公共艺术也离不开艺术设计，设计更离不开艺术与公共艺术，他们之间是相互的，是一脉相承的。

三、环境的互动

公共艺术与室内环境互动，与室外的景观互动，与环境设施互动，能产生出不同的公共艺术，如建筑的公共艺术、景观的公共艺术、景观中的公共艺术、草坪的公共艺术等。

（一）建筑风格与公共艺术设计

在城市环境中，建筑外观是最引人注目和最基本的组成部分，并且对城市空间设计特征与审美趋向起着主导作用。设计不仅应该根据不同的建筑风格和功能而有所不同，还应根据不同的人物、地点、时间充分使公共艺术和建筑环境相融合，进一步升华公共空间环境。

（二）水体形态与公共艺术设计

充分利用水与人的亲和力，创造丰富的亲水体验。在设计水景形态时还要注意结合公共艺术，不管是点缀动物造型，还是强化无主题雕塑，或衬托人与水的关系，均能够在自然的形态上设计出更加艺术化的水体，并使空间环境具有丰富的动感与情趣。

（三）商业环境与公共艺术设计

塑造与众不同的商业环境，其艺术形式和艺术手法也可以多种多样。例如，商业城前生动可爱的景观雕塑、装饰或幽默并存的形象造型，都会使人产生一种愉悦的心情。在商业文化的传播和融合过程中，利用公共的艺术魅力营造"群"和"场"的氛围，并且优化"群"和"场"的功能。由此可见，要想营造独特的商业空间氛围，就必须使局部和整体、艺术和环境相协调。

（四）城市空间与公共艺术设计

所谓城市空间，即具有集中人流、物流和信息流的城市街道、交通枢纽等空间。在人类居住史上，一开始城市广场就是供市民进行综合活动的场所，方便人们在开放的空间中进行聚会交流、文化娱乐等。广场的主题在一定程度上对艺术设计的定位起到了决定作用，不仅有以历史事件和人物为题材的城市空间，还有以装饰性雕塑作为标志和城市形象的城市空间。

城市街道作为城市的主要脉络，为人们提供了生活、购物的空间。然而，公共艺术作品都是基于活动空间和谐的原则而设置的，不仅能够使人产生一种愉悦的心情，还可以使人们自由地观看、依偎、触摸等，使艺术作品与人们之间的距离进一步拉近。除此之外，通过公共艺术的形式来表现曾经生活的画面，可以使市民街头文化具有丰富的生活、艺术气息。

（五）区域特色与公共艺术设计

在满足环境艺术美观整洁的同时，塑造地域文化特色同样重要。艺术美与文化内涵的结合是地域文化塑造的关键所在。特定的人文环境与空间物质在一定程度上对地域文化特征起到了制约作用，只有正确把握地域的文化特色，才能有针对性地发挥地域文化特色的独特艺术魅力，为丰富整个地域文化发挥积极的作用。在题材、风格、色彩的表现上，应与地域历史、文化等相一致，从而促使公共艺术具有鲜明的地域特色。

（六）园林绿化与公共艺术设计

以园林绿化为主的景观空间，一般是按照地形地貌的特点来规划的，其一，利用起伏地形、密植植被的特点来隔离噪声；其二，以绿化为主的景观空间和地形地貌柔性连接。借助景观空间序列，可以逐次展开游览线路上的公共艺术景点。在小型的公共艺术环境设计中，应该充分利用植物造景，从而创造多样化的空间类型，比如开敞空间、半开敞空间、带状空间等。此外，传统造园手法如障景、借景、框景等都能达到扩大空间、改变场景的效果。

四、材料的互动

各种材料的互动。传统材料（如金属、木艺、石材、陶瓷、纤维、玻璃等）、现代材料、综合材料等相互使用，以产生各种材料的公共艺术。

作品材料不同传达出的语义也不同。有的材料会单独使用，有的会相互使用，其目的就是通过不同材料与艺术间的相互互动，创作出不同的公共艺术作品。

五、公众间互动

公共艺术的特点为作品必须要与公众呼应。没有公众的参与和互动，就不可能是公众艺术。作品要有公众的参与对话，互动是十分有必要的。

第三节　公共空间艺术设计的过程

一、设计调研与景观环境分析

公共艺术景观的格式不是固定的，是根据具体的地域空间、城市景观环境来加以设计的。通常来讲，只有充分了解区域的政治、经济和景观环境等，才能按照公共艺术设置的位置进行分析和整理，从而给出正确的设计定位。

由于地域间具有不同的城市个性、建筑风格、景观环境等，所以也就会出现不同的设计元素，从而使得公共艺术具有不同的形式、形态。换句话说，就是要根据特定的地域空间和城市景观环境进行设计和创造。要想设计符合城市公共空间的公共艺术景观，那么就必须充分了解城市的历史文化和景观环境等，从而使公共艺术景观充满艺术感，同时也能体现公共艺术景观的创作魅力。公共艺术不仅是环境功能机制的一部分，还存在着一定的功能性。在人文精神和审美效果方面与环境实现和谐统一，具有独立的观赏价值，能有效调节人们的精神和心理，同时还在审美教育中发挥着重要作用。

作为延续地域历史文化和传承精神文化载体的公共艺术，其密切关系着当代的时尚追求、精神生活和经济发展，具有时代的象征意义，是地域形象的展示。公共艺术的构筑可能有时没有标题，只是作为场所的空间媒介，人们积极参与其中能够获得各种生活体验，如放松、学习、沟通、互动等，由此可见，其不仅能够进行空间对话，还具有一定的艺术价值。所以，应该按照功能分析对公共艺术设计进行定位，与此同时，还要科学合理地进行平面布局，充分考虑空间尺度、材料色彩等要素。

二、设计定位

每个地区的设计元素都很丰富，如历史文化、城市个性、建筑风格等，从中可以找到一些设计元素并加以运用。但是，艺术设计并不是将这些元素进行简单的罗列和相加，而是艺术家对这些元素进行深入创造后形成与当地地域文化相符合、与周边环境相融合的一种富有时代感的新的审美形式。

一般来讲，设计定位主要包括以下三个方面。

（一）适应性

公共艺术这一审美形态是依赖于环境而存在的，必须在许多方面适应整个环境。具体来说，要适应景观环境的使用功能、建筑与景观环境风格、地域文化与意识形态，除此之外，还要适应地域的历史、文化，从而使公共艺术真正具有鲜明的地域特色。

（二）注重形式

一般来讲，艺术创作的内容对形式起着决定性作用，形式服务于内容。但是，现代公共艺术则注重形式，力求在功能、形态和尺度等方面使作品与景观环境相适应，从而更好地实现对唯美造型形态的追求。

（三）强调共性

由于公共艺术是大众的艺术，因此，无论是高雅的大众艺术，还是庸俗的大众艺术，都是非常值得推荐的。公共艺术应该积极迎合公众对形式和题材内容的兴趣，努力使公众在大众化、趣味化和生活化的审美环境中享受公共艺术的魅力。所以，从严格意义上来讲，过度个性化或具有艺术探讨性的作品不属于公共艺术的范畴，并且在公共艺术设计中也可以称之为一大禁忌。

三、方案初步形成

通过深入研究放置环境的预想效果，反复推敲公共艺术作品的设计，促使初步方案的基本形成。制定方案时应先考虑公共艺术形态和环境的协调关系，其次是使预想效果尽可能与未来公共艺术景观的实际情况相符合，从而能够有效地传播艺术家的创意思想。

四、艺术创作的阶段

任何一种艺术形式都要有过程。一般说来，艺术创作过程需要经过艺术体验、艺术构思和艺术传达三个过程。这三个过程贯穿在艺术创作具体的创作中。这三个阶段既有单独独立的一面，又常常相互交织，融为一体。

（一）艺术体验

通常来讲，艺术体验分为两个方面：自发艺术体验和自觉艺术体验。艺术体验是艺术创作的基础，没有艺术体验，艺术创作就不能顺利进行。它是指艺术家在创作前对生活的感受、观察和思考，是心灵的积淀，是真切的生活及生命体验，它常常伴随着强烈的情感活动。我们对生活的理解和体验是有差异的，这种生活中的差异对创作中的风格会有一定的作用。艺术中的高尚与低俗在创作中是有一定差异的，高质量的作品是作者真切的对生活及生命的体验，以及对自然、人生独特的领悟与理解，是对创作中浮躁现象的一种批判。

（二）艺术构思

创作先要具备一个想法，即艺术构思。想法的产生是一个过程，是反复思考和实践的结合。构思阶段通过前期准备、收集整理进行，在这期间可以拥有很多想法，然而这些想法不能相互混淆，在这一阶段，我们不应该判断这一方案是否可行，而是应该多画一些草图，以催生出更多奇妙的想法。此外，还可以多做一些方案，获得更多的选择，在构思阶段必须具备充足的创造力与想象力。另外，在构思阶段我们也可以使用电脑进行绘制，这样修改起来也会非常方便。一般来讲，草图会经过以下几个阶段：感性草图、理性草图、样式草图和确定草图，着色，在适当的情况下还要做草模，也就是立体制作，在外观设计上给人以直观的感觉，草模要按一定的比例做，尽量做到制作精确。

（三）艺术传达

艺术传达是通过材料塑造形象传达的，可想而知材料的重要性。设计者必须了解材料的规律和性能及运用。理论上认知也好，实际上运用也罢，必须要设计者长时间的使用和基本的训练，以认知规律。技术，或称掌握艺术特有的技能，如果不是经过长期的刻苦训练，设计者就不会有熟练的技术，也不会创作出精良的作品。当然技术不可能完全代替艺术，脱离艺术的技术没有实际意义。一定要把艺术与技术的关系搞好，充分表达创意的内容。如果缺乏这些条件，再好的艺术体验和艺术构思也是不能完美实现的。

所有艺术传达手法的基本目的都是使受众更有效、更自觉地接受作品的感染与影响。艺术传达活动不是将艺术家的想法强加于人。艺术作品对欣赏者的影响是潜移默化的，其不能强迫欣赏者接受任何对他有益的思想。而与传播技术相关的艺术特征的形成可更有效地引导目标受众接受艺术内容，在如何启发受众根据自己的生活经历去想象原始的艺术形象的基础上，丰富和发展对创造性的理解。

描写的手法在艺术传达的手法中是很常见的。它的主要特征是直接表示对象多方面的属性，这种客观描述，不仅可以将现实生活的多样性和生动性特征反映出来，还可以反映艺术家对生活的感受和体验等。艺术利用感性形象来反映现实生活，作为对艺术传达手法的一种描述，也可以以感性现象为直接对象。一般来讲，可以将描述的对象分为两种：可视的和可听的，但在描述方式上，由于描述对象本身的相互依赖和相互作用，又可以将其分为直接描述和间接描述两种。

第四节　公共空间艺术设计的多样性

一、元素多样

我们在多样性语言的探究中很容易习惯于已有的表现方式，其实这种习惯无可厚非，但我们不能停留已有的表现手段，要找出表现语言的差异性，既尊重已有的表现形式，同时又能够包容差异，与异质设计共存，形成"和而不同"的良性关系。

元素作为设计的基础，在创作中不可或缺。虽然元素很重要，但是单个元素是不能构成作品的，它需要多种元素的组合，不同的元素组合方式也会产生不同的视觉效果。

下面就是从几个方面说明元素组合的方式。元素组合的方式是多元的，这里只是做部分归纳，如果把这些再打乱重组的话，方式还会更加多元。另外元素也分为直接元素和抽象元素。

①解构：对既定的概念、范畴等的批判和发展。

②错乱：将传统的元素肢解打散、重组。例如，莫干山路画廊的作品《鱼》已经不是传统概念上的鱼，鱼已被拟人化，鱼的元素被打散重新赋予了新的语义。

③残缺：故意将元素破损，强调不完整状态。

④失重：将元素倾倒、扭曲、弯转等。

⑤标新立异：打破常规的元素布置方法，视反常为正常。

⑥挪用：把元素置入新的语境。

⑦反讽：搞笑状态的嘲笑。

⑧元素变形处理。

⑨原形分解：将原来的元素进行解体和打散。

⑩释义附加：将语言进行挪用。

二、视觉多样

视觉多样是通过多角度来审视公共艺术设计，是在视觉创新的基础上构建的，就是扩大创作的视野，寻求有特色，别具匠心的意念表达方式来引起人们的关注，从而给人留下深刻的印象。与此同时，视觉传播这一过程是开放的，在新技术、新思想的影响下不断更新和扩展。所谓视觉创新，不仅指的是创新观念，而且也指的是创新使用媒介和材料，它超越了意志和对变化的追求。在历史、传统和过去，"新"都有不同的含义。具体来讲，创新是创造性地构思要传达的信息的主题和形式，达到利于视觉传播的目的。

三、手段多样

艺术设计的手段是多样的，更是丰富多彩的，是艺术创作必不可少的。手段不同，设计的结果也不同。设计的层面不同，所需达到手段的阶段就不同。作为基础教学和初级设计训练，我们采样的手段相对简单而单纯或非常的直接，也就是指哪打哪的方式，这样便于我们学习和理解。如果我们面对的是实用者或消费大众，那就需要将使用者的意图和设计者的想法混合，确定表现手段。艺术设计特别是公共艺术设计手段的层面，是观念与思维的高级层面，是通过人的感受视觉将客观的东西导入主观心灵，并予以对象化呈现的艺术形态。因此，设计师在设计中常常运用有哲理性、象征性及关联性的手段使作品产生丰富的联想，在传达信息的同时赋予更多的更高层次的审美体验。

世界经济和文化的全球化日益凸显出现代科学的整体化趋势，各学科之间相互渗透、相互影响、相互沟通，联系性更加紧密。作为艺术设计思维高层面的手段更要联结各个领域，全方位、立体化、开放性地寻找设计思维的手段。

（一）表象手段

采用和对象直接相关且具有典型特征的形象。该手法具有直接、明确、清晰的特点，方便人们迅速记忆和理解。例如，当我们看到书时，我们就联想到了出版社，当我们看到火车头时，我们就联想到了铁路运输业，当我们看到钱币的标时，我们就会想到银行业等。

（二）象征手段

采用在一定意义上与内容相关的事物图形、符号或色彩等，通过比喻和描述等方式象征标志对象的抽象内涵。例如，将交叉的镰刀、斧头作为党旗的象征，挺拔的幼苗作为儿童健康成长的象征等。通常来讲，象征手段即象征性使用社会公认的关联物象作为有效的象征。例如，鸽子可作为和平的象征，雄鹰可作为英勇的象征，日、月可作为永恒的象征，白色可作为纯洁的象征，松鹤可作为长寿的象征，绿色可作为生命的象征等。这种方式蕴含着深刻的含义，与社会心理相适应，深受人们的欢迎。

（三）寓意手段

内容和特征通过影射、暗示、示意等方式表达，使用接近或富有寓意的形象。例如，伞的形象表明它是防潮的，玻璃杯的形象表明它是脆弱的，箭头的形象可以用来表明方向等。

（四）模仿比拟

该手法利用具有相似特征的物体的形象来模仿或比较物体的特征或意义。如中国银行中的古代钱币符号标志着银圆，也就有了招财进宝的含义。

（五）视感手段

通过简洁的抽象图形、文字或符号形式给人以一种强烈的现代感和视觉冲击感，使人们终生难忘。这种手法不仅依赖于图形的含义，还依赖于符号的视觉力量。如德国奥迪公司以四环连接为标志等。

第六章　公共空间设计的材料、色彩、环境设计

一个好的公共空间一定是富有活力的，而且会不断地自我完善与调整。公共空间是人类社会化的产物。在设计公共空间时要以"人"为主，按照人类社会的审美标准和功能需要来确定空间的主题，然后再通过一些现代化手段进行二次创造，并通过视觉艺术传达方式表达出物化的创作活动。本章详细介绍了公共空间设计的材料、色彩和环境等方面的内容。

第一节　公共空间设计的材料

一、公共空间设计材料的属性与作用

装饰材料的品种、性能和质量，在很大程度上决定着建筑公共空间装饰美观，同时还在很大程度上影响着公共空间的结构形式和施工速度。材料是公共空间设计得以支撑的物质基础。人类最开始主要通过自然进行生产建造，又经过漫长的时间对各式各样的材料进行了认识和使用。到了工业社会时期，实现了使用大机器进行生产的理想，对材料可以成批的加工制造，为人类生存环境的改善给予了有效的技术支持。尤其是在现代社会中，随着高新技术产业的发展和高新技术的大范围运用，合成材料的使用范围也不断地扩大。这一现象为现代建筑和室内设计提供了越来越多的材料选择，无论是对自然材料——木头、石头等的进一步加工制造，或是对现代装和材料如石英、玻璃、金属等的广泛使用，这些发展都达到了空前未有的状态，为公共空间中材料的选择、设计和使用打下了坚实的物质材料基础。

有关公共空间装饰材料的看法，从广义上来看，指的是组成公共空间的各个元素及组成部件的各个材料。公共空间中除了人类自身与其衣服装饰之外，其他所有的、肉眼能看见的都属于室内装饰材料。因为室内公共空间是由顶面、墙面及地面这三大空间元素所组成的，因此从某种意义上来看，这三大空间元素的材料和设计决定了室内装修材料的选择和设计。

对于公共空间的装饰材料来说，它具有各项化学性能、物理性能、形状、体积和色彩，其质地取决于其肌理，肌理是可以传递信息的。使用材料的质地看得清摸得到，因此使人获得的质感就显得格外重要。人对事物的喜爱，一般情况下除了看，还会通过接触、抚摸来表达，所以，要在视觉和触觉上一起将材料的质感呈现出来。

（一）功能性

在公共空间室内环境的材料设计方面，组成材料的各项元素及其物理性能决定着材料的功能性。由于组成装饰材料的物理元素与化学元素不同，所以它们的使用功效与应用范围也不相同，其质地的硬度及材料表面的纹理粗细水准、防水、隔热、隔音、抗腐蚀和成型等各个方面也存在着明显的差异，所以它们在公共空间中的用途也不尽相同。例如，乳胶漆只适用于顶面和墙面，而不能用于地面。

（二）视觉特性

在组成公共空间装饰材料的元素中，一部分已经在视觉上让人产生了一些使用方式和感知体验。有的材料如玻璃、不锈钢、大理石等会给人一种牢固、冰凉的感觉，而有的材料如地毯、毛织物、木质等会让人有一种亲切的感觉。除此之外，将不同的材料放在一起时会让人在视觉上产生硬度上的差异感，如玻璃和木材、水泥和金属材料的硬度差异。装饰材料表面上的颜色与纹理也会使人产生视觉与触觉上的不同感觉。

（三）物理特性

在进行公共空间的材料设计时，要考虑到部分功能的漏洞和弊端，并用某种相适应的材料进行补救，这时就要利用到材料的物理特性。因此在进行材料设计时，必须要了解材料的三大物理特性：光学特性、热工特性和声学特性，以及材料防火、隔热、透光、防潮等指标。比如为了解决公共空间中的眩光和刺眼等问题，可以采取光学格栅和磨砂玻璃等使光线均匀散布。

（四）环保特性

在当今社会中，人们对健康越来越重视，绿色和环境也成了健康至关重要的内容，健康与人类生活的居室及建筑装饰材料密不可分。

环保材料指标达标是人类追求健康的一种保障，所以在装饰材料设计中，环保问题是绝对不能忽视的。

（五）审美特性

公共空间的氛围、环境，很大一部分是由材料自身的样式、材质、色彩、装饰及肌理纹样所决定的，而大部分材料所具备的这些因素都是在其自然生长或者加工制造的过程中所产生的，在公共空间的设计中，各式各样材料的选择与置放搭配是非常重要的。比如玻璃材质的物体会让人觉得光满四射、晶莹剔透；木质材料的自然纹理和原始色彩会让人觉得温暖、自然；而不锈钢和钛合金质地的物体又可以打造一种现代风、高冷的氛围。以上所提到的这些都属于材料特有的美感特征。

二、公共空间设计材料的种类及特征

我们可以根据材料的销售及它们的生产流通方式对室内装饰材料进行分类。也可以根据材料的物理特性来划分，比如可以将其划分为热工材料、声学材料及光学材料等。还可以进行人工材料和自然材料的分类。

这一部分主要是根据室内空间的三大界面元素，即地面、墙面、顶棚的主要使用材料及公共空间中物体的使用和设计的方面来对材料进行分类。

（一）木材及人造板材

木材材质轻且具有韧性、强度高、有较佳的弹性特性，而且木材耐压抗冲击、抗震，易于加工和表面涂饰，并且对于电、热及声音有高强度的绝缘性等，这些特征都是其他材料所没有的，所以在室内设计中，木材被大量地采用。尤其是木材独有的自然纹理和温暖的色彩，让人们可以产生一种回归大自然的感觉，这也是木材受到民众钟爱的原因之一。常用的木材装饰方式有：原木板方材、地板、墙板、天花板、楼梯踏板、扶手百叶窗、家具、实木线条和雕花等。

（二）装饰石材

天然石材因为具有独特的艺术装饰效果和技术性能，在建筑中的应用历史悠久。石材结构致密、强度高，耐磨性、耐久性特别好。从欧洲古代建筑到现代室内装饰，其运用十分广泛。我国也是世界上石材资源丰富的国家之一，石材资源丰富，分布面广，容易就地取材。

装饰石材是指将天然石材进行锯切、研磨和抛光，二次加工所得到的块状和板状及其他异形状的能作为饰面材料的石材。可分为天然石材和人造石材两大类。天然石材包括由火成岩及变质岩所形成的天然花岗石和大理石。

人造石材，就是将天然岩石的石渣作为骨料，再经过特殊工艺的处理，加工而做出的石材。

1. 天然大理石

大理石是由碳酸盐之类的岩石经过沉淀和变质之后所形成的，其质地细腻、坚硬，颜色、种类繁多，天然大理石具有独特的纹理效果。

大理石的优点是花纹与颜色种类多、质地细密、颜色艳丽、有较高的抗压强度、超低的吸水率、不变形、耐久性好、有良好的装饰效果。其缺点是抗风化性能差。除了部分性能稳定的大理石如汉白玉、艾叶青等可以用作室外装饰材料外，磨光大理石板材一般不宜用于室外。

2. 天然花岗石

天然花岗石具有独特的装饰效果。花岗石由火成岩形成，主要矿物成分为长石、石英、云母等。花岗石外观常呈整体均粒状结构，具有深浅不同的斑点状花纹。花岗石的优点是坚硬致密、抗压强度高、吸水率小、耐酸、耐腐、耐磨、抗冻。花岗石的缺点是硬度大，开采困难，质量较大，因此运输成本高，另外它为脆性材料，耐火性较差。某些花岗石含有对人体健康有害的放射性元素。花岗石的使用寿命可达到几百年，是现如今建筑装饰材料中高档的材料之一。

3. 人造石材

将天然的花岗石和大理石的石渣加入树脂胶结剂，再通过特殊工艺加工而成，就成了人造石材，它可切片、磨光等。

按照材质来划分，可将人造石材分为水泥型人造石材、微晶玻璃型人造石材等。人造石材吸收了天然石材的优点，相比较来看，人造石材比天然石材在抗压性、耐磨性和质量上都有明显的优势。并且人造石材的价格较低，容易被大众所接受，所以在公共空间的装饰材料中运用了大量的人造石材。

（三）陶瓷装饰材料

陶瓷是陶器与瓷器两大类产品的总称。陶器产品分为精陶和粗陶两种。陶器产品的断面暗淡无关、手感粗糙、不透明，可分成有釉和无釉两种。精陶在建筑装饰材料中主要有釉面砖。建筑装饰材料中常用的陶瓷制品主要有釉面砖、外墙贴面砖、陶瓷锦砖、地面砖、玻璃制品和卫生陶瓷等。

室内设计中，在卫生间、厨房、阳台等场所会大量地采取陶瓷材料，因为其便于清洁保养。目前，随着陶瓷工艺水平的不断提高，不管是国产、合资或者是进口的陶瓷材料，它们的色彩花色、图案样式的种类越来越多。大量的陶瓷材料可为室内外场所使用。

（四）玻璃装饰材料

将石灰石、石英砂、纯碱及其他辅材经过1600℃的高温融化，再快速冷却而形成的物体就是玻璃。玻璃具有透光、透视、隔声、隔热、保温及降低建筑结构自重的性能，运用十分广泛。按照透光性或反射性可将玻璃分为一般清玻璃、热熔玻璃、压花玻璃、雕刻玻璃、镜面玻璃、玻璃马赛克等。玻璃品种很多，以下列举其中的几种。

①普通平板玻璃：也就是人们常说的净片玻璃，这款玻璃应用量最大，是加工成各种技术玻璃的基础材料。

②安全玻璃：力学性能大，抗冲击的能力好，被冲击时，碎片不会飞出伤人，兼具防火的作用。安全玻璃根据所用原片的品种不同，可具有一定的装饰效果。如夹层玻璃、夹丝玻璃。

③特种玻璃主要有压花玻璃、空心玻璃砖和玻璃锦砖。

④玻璃幕墙在公共空间的装饰中运用较多。玻璃幕墙是悬挂在主体建筑结构上的外墙构件，分层承载安装，靠结构胶黏结力使玻璃附着在铝合金结构框架上。

如今玻璃已由单一的采光材料变成了可隔热、能控制光量、节能、减轻建筑体量、拓展空间等多功能作用的综合体，公共空间的装饰设计中玻璃颇受人喜爱，是公共空间设计中极为常用的一种装饰材料。

（五）塑胶装饰材料

塑胶材料是以高分子合成树脂或天然树脂为主要基料，加入其他添加剂人工合成树脂、纤维素、橡胶等人工或天然高分子有机化合物构成的，经一定的高温、高压作用塑制成型的弹性材料。塑胶材料可塑制成日常生活用品和室内装饰的各种物品，在常温、常压下能保持产品的形状不变，是一种具有广泛用途的新型装饰材料。塑胶制品的好处是有良好的机械物理性能，在正常情况下不会变形，且质感较轻、装饰效果好，有一定的抗腐和抗电的特性，但是它的耐热性不强，老化快，寿命短。

塑料管材包括硬质聚氯乙烯管道、氯化取氯乙烯管材、芯层发泡硬聚乙烯管、聚苯乙烯管材与管件、铝塑复合管、塑复铜管等，另外还有合成塑胶材料，如自贴性塑胶装饰条、铝塑板等。

（六）涂料、胶黏剂和防水涂料

涂料是指能涂于物体表面并能与基体很好地黏结，在表层形成完整而坚韧的保护膜的材料。涂料具有施工易行、价格合理、使用面广的优点，不论使用场地是室内还是室外都可以使用。以下列举几种。

1. 内墙涂料

内墙涂料是水溶性涂料，又称水乳型涂料或乳胶涂料。以合成乳液为基料，以水为溶剂，加入颜（填）料和各种助剂而制成的涂料统称为乳胶漆。该类涂料以水为溶剂，安全无毒，对环境无污染，有害物质含量低。乳胶漆涂膜细腻光滑，耐擦洗，附着力好，且保色、透气，施工方便，更新简单。

2. 外墙涂料

外墙涂料相比其他外墙装饰材料如马赛克、面砖等来说色彩更丰富且没有坠落的危险，施工方便，更新容易。外墙涂料所处的环境相比内墙要恶劣，故涂料的性能指标不仅要有突出的耐擦洗性、耐沾污性、耐老化性，还要求涂膜有较高的表面强度和良好的保色性，以对建筑物外墙起到保护和装饰作用。典型的外墙涂料有合成树脂乳液外墙涂料、合成树脂乳液砂壁外墙涂料、溶剂型外墙涂料、复层外墙涂料、无机外墙涂料。

3. 地面涂料

地面涂料施工于居室、厂房、仓库及停车场等室内地面，又叫地平涂料。它是保护和美化地面、增强地面使用功能的涂料。地面使用要求不同，对涂性能要求也不一样。目前用作地面涂料的主要有三大类：乙烯类地面涂料、环氧树脂类地面涂料，聚氨酯地面涂料。

4. 防火涂料

防火涂料是指涂装在物体表面，起着隔离火焰、推迟可燃基材着火时间、延缓火焰在物体表面传播速度或推迟结构破坏的一类涂料。防火涂料按用途可以分为钢结构用、混凝土用、木材饰面用、电缆用防等几类。

5. 防霉涂料

防霉涂料是一种能够抑制涂膜中霉菌生长的功能性建筑涂料。在潮湿的建筑物内墙面，在恒温、恒湿的车间墙面、地面、顶棚、地下工程等结构部位，特别是一些印刷品加工厂、酿造厂、制药厂等车间与库房墙面都应使用防霉涂料，并进行防霉杀菌处理。

6. 抗静电涂料

抗静电涂料又称防静电涂料。它主要应用于计算机房、电子元器件生产厂房、电视演播厅，以及各种需要防静电设施的墙面、地面和台面等。它由成膜物质、导电材料、抗静电剂及各种助剂，还有颜料、填料等成分组成。抗静电涂料有水性抗静电涂料和氨酯等溶剂型抗静电涂料。

7. 油漆

油漆的品种繁多，在居室装潢中使用的也不少，有天然漆、调和漆、清漆、磁漆（瓷漆）等。

8. 胶黏剂

在一定的条件下，能将两种物体胶结起来的物质称为胶黏剂或胶合剂。胶黏剂胶结技术在室内装饰工程中使用广泛，如墙面、地面、吊顶工程，保温保冷管道工程及家具制作等的装修黏结方面都离不开胶黏剂。

9. 防水涂料

防水涂料有的通过在建筑物基层形成一层无接缝的防水层而防水，有的防水涂料则是通过渗进基层、堵塞毛细孔形成防水层，阻止水的渗漏而防水。防水涂料大量应用于建筑物屋面、阳台、厕浴间、游泳池、地下工程以及外墙墙面等。

（七）金属装饰材料

金属装饰材料的优点主要有质地坚硬、抗压承重、耐久性强、表面处理技术成熟、方法繁多、易于满足防火要求、机械性能好、耐磨耐温、不易老化、质感优异等。

金属装饰材料易于保养，表面易于处理、易于成型，可按设计要求变换截面形式，有各种产品化型材，可供选用。一般金属结构材料较厚重，多作骨架，可用于如扶手、楼梯等承重抗压的结构材料。而装饰金属材料较薄，易加工处理，可制成成品或半成品装修表面美化的装饰材料。金属材料色泽突出是其最大的特点，在公共空间中的墙面、柱面、吊顶、门窗的处理中被大范围应用。在对金属材料进行设计时，一定要了解好材料的性质，在使用时也要有所注意，特别是对于尺寸、弯角和圆弧面接触点进行处理时要格外小心。

1. 黑色金属装饰材料

黑色金属是指铁和铁的合金。如钢、生铁等，含碳量小于2%的称为钢。普通钢材有工字钢、槽钢、角钢、扁钢、钢管、钢板、钢筋、钢丝、钢管、彩色钢板、不锈钢等品种等。而不锈钢材更具有现代感，主要品种有球体、不锈钢镜面板、亚光板及加工件等。

2. 有色金属装饰材料

有色金属是指除黑色金属以外的金属，如金、铜、铅、锌、锡、铝等及其合金。

有色金属按密度可分为两大类，即有色重金属和有色轻金属。有色重金属如金、铜、银、锡、铅、锌等。在建筑装饰中，主要使用铜及合金铜材和钛金材。有色轻金属如镁、铝、钙、钾等。因质量较轻，铝及铝合金在建筑装饰中广泛被用作门窗、扶栏、幕墙、隔墙、吊顶主板等的建材。

3. 轻金属龙骨

轻金属龙骨分为轻钢龙骨和铝合金龙骨两大类，主要用于吊顶、隔断、隔墙等场合。在悬吊式顶棚中，龙骨所组成的网架体系一方面可以承受吊顶重量（在上人型吊顶时还应检修荷载），并将这一重量通过吊筋传递给屋顶的承重结构，另一方面它又是安装各种吊顶面板的框架。在隔断、隔墙工程中，用轻钢龙骨做骨架，施工方便，结构刚度大。

（八）无机胶凝材料

无机胶凝材料主要包括水泥、混凝土和石膏材料。

水泥是一种水硬性胶凝材料，呈粉末状，与水拌和成浆状，经过物理、化学变化过程，加水拌和后形成的可塑性浆体。不仅能在空气中硬化，还能在水中硬化，保持并增强其强度。公共空间的装饰材料离不开水泥，一方面，水泥可用于各种装饰的基底处理和材料胶结。另一方面，还可以制成丰富多彩的水泥装饰制品。

水泥中加入骨材，就会凝固成坚硬而抗压的混凝土。需承重承压时，在混凝土中加入具抗拉力的钢筋，则成了钢筋混凝土。混凝土看起来颜色暗淡且外形死板、不活泼，装饰混凝土的制作成本低且有超高的耐久性。

另外，在建筑装饰中，建筑石膏和石灰的使用也比较广泛。熟石膏是制作石膏板的主要原料，在熟石膏中添加适量的添加剂，可以使石膏板吸声、绝热和不燃等。将石膏板与轻钢龙骨相结合，就形成了轻钢龙骨石膏板体系。石膏板的种类有纸面石膏板、装饰石膏板、纤维石膏板、空心石膏墙板等。

（九）墙体、吊顶材料

墙体、吊顶材料包括砖材、瓦材、砌块和一些吊顶用的装饰材料。

1.砖材

砖材因具有承重、隔声、隔燃、防水、防火等作用，在公共空间设计中主要应用在一些隔断、花台或基座中。

2.瓦材

与砖材一样，瓦材也是按一定比例将黏土、水泥及一些特殊材料进行搅拌而制成的，为增加色彩种类可在其中加入色粉，由模具铸形，用人工或机械高压成型，再窑烧完成。瓦材原来主要用于门檐庭院，除可满足阻水、泄水、保温隔热、保护房屋内部不受雨淋外，在公共室内空间也可作为特殊的装饰。

3.吊顶材料

吊顶材料包括一些珍珠岩装饰吸声板、金属装饰板、铝金属装饰板。其特点为质量轻安装方便，施工速度快，如铝金属装饰板吊顶是成品安装，不需另作其他装饰。铝金属装饰板吊顶是金铝合金装饰板，包括合金板条、铝合金方板两种。

（十）轻质装饰材料

轻质装饰材料，主要是指有特殊质感，给人一种亲切悦目的感受，能创造出温馨的生活环境的装饰材料，如壁纸、地毯、装饰织物等。

1.壁纸

壁纸的优点是质感较温暖柔和、典雅舒适、色彩选择多、施工容易、价钱适中。除一般壁纸外，还有更多特殊效果的壁纸，如仿石材、木纹砖材等仿真壁纸。常见的壁纸有：普通壁纸、纺织壁纸、塑胶壁纸、绒质壁纸、泡棉壁纸、布帛金箔壁纸、仿真系列壁纸、特种塑料壁纸等。

2.地毯

地毯是一种地面装饰材料，其占地面积相对较大，对整体环境的烘托起着至关重要的作用。地毯具有保温、隔热、吸声、弹性好、挡风、吸尘、脚感舒适、铺设施工简单等优点。

因为地毯有不同的编织方式，所以可将其分为有毛圈地毯和无毛圈地毯两种。也可以按照材质划分，分为混纺地毯、塑料地毯、纯毛地毯、草编地毯。地毯是世界通用的地面装饰材料，在公共空间的装饰中被广泛应用。

3.装饰织物

装饰织物是公共空间设计中重要的装饰材料。像床单、地毯、窗帘、沙发蒙面和面料及台布等都属于室内装饰物。装饰织物的质感、色彩及图案等因素直接影响了它的艺术渲染力。它的制作材料主要由毛、麻、纱、人造纤维等组成。

三、公共空间设计材料的选择

（一）材料的技术性能

公共空间装饰材料选择的原则是装饰效果好并且耐久、经济。对装饰材料的掌握，主要还得信赖产品的技术性能。技术性能主要有以个几下方面。

①表观密度。是指材料在自然状态下单位静观体积内的质量，俗称容重。

②孔隙率。是指材料结构内孔隙所占体积与总体积（表观体积）之比。

③强度。强度是指反映材料在受到外力作用时抵抗破坏的能力。

④硬度。是指材料表面的坚硬程度。

⑤耐磨性。是指材料表面抵抗磨损的能力。

⑥吸水率。所反映的是材料能在水中（或能在直接与液态的水接触时）吸水的性质。

⑦孔隙水饱和系数。材料内部孔隙被水充满的程度，即材料的孔隙水饱和系数，是用以反映和判断材料的其他性能的一个极为有用的参数。

⑧软化系数。材料耐水性能的好坏，通常用软化系数来表示。

（二）材料在各界面的使用要求

1. 吊顶材料的选择

天棚是室内空间的顶面，是室内空间中没有被使用的、最大的一块界面，它不是人们的视觉中心，与人们几乎没有接触，所以设计吊顶时，在造型和材质的选择上相对比较自由。建筑结构对天棚制约较大，吊顶处理时要考虑天棚是各种灯具、设备相对集中的地方。

在吊顶的材料设计中，应特别考虑到材料对人的心理所产生的作用。比如采用木板类材料时，会给人带来自然、淳朴的感觉；用纺织物做吊顶时，会有温暖、灵动的感觉。

吊顶选材时要考虑以下几种因素。材料在使用时要保证使用的安全性、光线反射和照度均匀及对室内光线的影响。另外要注意防火的要求，吊顶上电气设备和线路要覆设，天花是有火灾隐患的危险部位，尤其对于装饰天花采用的木材合成材料、油漆等易燃材料，要进行防火处理（浸泡或刷防火涂料）。还有使用的材料的重量要求，并不是说天花的重量越轻越好，空气负压和空气对流对轻质天花有可能会造成破坏，如有可能造成局部掀起、破裂，或者是使整体失稳。对于声学空间，天花是一个非常重要的声学界面。并且由于吊顶不是人们常接触的部位，在选择材料时要使用容易清洁，不容易滋生虫蚁和细菌、尘埃，不易附着的材料，以便清扫。

2.地面材料的选择

地面室内空间是与人体接触最紧密、使用最频繁的部位，因为地面是室内空间的基础平面，地面需要支撑人体、家具及其他室内设施设备等的重量，并要能承载人在上面的活动或者一些机器设备的移动，因此在设计过程中要优先考虑到地面的安全指数和舒适度。

地面选材时要考虑到地面是受到最大磨损和灰尘污染的地方，在某些场所设计表面材料时，除了要保证舒适性外，还应考虑到安全性，避免滑倒摔伤。地面的选材和构造必须坚实和耐久，必须能经受持续的磨损、磕碰及撞击，还要具有易维护、耐久性、抗污性、明亮度、防火性、防水性、保暖、隔音、防静电、耐酸碱、防腐蚀和防滑性等特点。

3.立面材料的选择

立面是室内环境的四壁，是室内外空间的侧界面，也称为垂直界面，它垂直于地面，也垂直于人的视平线，是人们视觉和触觉所及面积最大的重要部位。立面是空间界面中最积极的因素，能够分隔、围合空间，除具有遮风挡雨、保温隔热的作用以外，还能控制房间的大小及形状。

立面选材时要考虑以下几种因素：围合程度、光线特征、耐久性、吸声隔音、保温隔热等。

第二节　公共空间设计的色彩

一、公共空间设计色彩的功能

色彩可以引起人对物体形状、体积、温度、距离上的感觉变化，色彩也可以使人产生感情上的变化。

（一）色彩的温度感

当人们烤火或者晒太阳时，就会感到温暖，所以凡是和阳光、火相似的颜色都会让人们产生温暖感。同理，当人们看到冰雪、海水、月光等时就会有一种寒冷或凉爽的感觉。

色彩的温度感是由色彩的纯度和物体表面的光滑度决定，冷色的纯度越高越寒冷，暖色的纯度越高越炎热。物体表面粗糙会让人觉得温暖，物体表面光滑就会让人觉得寒冷。

（二）色彩的体量感

色彩给人带来的膨胀感和收缩感就是色彩的体量感。由此我们可以将色彩分为膨胀色和收缩色。区分原则就是看色彩的明度和色温，明度高的膨胀感强，明度低的收缩感强；色温低的色彩有膨胀感，色温高的色彩有收缩感。

在室内公共空间设计中，经常利用体量感调节空间的体量关系。小的空间用膨胀色在视觉上增加空间的宽阔感，大的空间用收缩色减少空旷感，体量过大或过重的实体可用明度低的色和冷色减少它的体量感。

（三）色彩的空间感

色彩的空间感就是人们对于色彩的距离感。由此可以将色彩分为前进色和后退色。前进色就是人们与色彩之间距离缩短的颜色，后退色则是拉长距离的颜色。一般来说，暖色为前进色，冷色为后退色。

（四）色彩的表情

红色会让人紧张、兴奋和激动；黄色会给人带来丰收的感觉，使人柑橘欢快、明朗；橙色的食物会让人不由地认为它甜美、美味；蓝色能让人冷静、理智，让人不禁联想到深沉、忧郁的感觉；绿色能使人联想到健康、生命、和平和宁静；紫色给人以高贵、神秘和压抑的感觉。

（五）色彩的时间性

色彩的时间性指人们对颜色的感情和爱好会因为时间的变化而有差异。

中国古代将色彩与五行相关联。按照五行的生克关系进行分类，《吕氏春秋》中就具体指出：黄帝是土，大禹是木，商汤是金，文王是火，然后顺理成章地说秦是水，其色尚黑，代火者必水。这其实是给秦朝正统造势。

又如夏朝崇尚青色，商崇尚白色，周崇尚红色，秦崇尚黑色，汉崇尚红色，晋崇尚白色，隋崇尚黑色，唐崇尚红色，宋崇尚青色，元崇尚白色，明崇尚红色，清崇尚黑色，民国崇尚黄色，中华人民共和国崇尚红色。由此可见人们对色彩的喜好也会随时间的不同而改变。

二、公共空间设计色彩的构成

（一）色彩的三属性

色彩的三种属性又称为色彩三要素，包括色相、明度和纯度。

1.色相

色相，也就是色彩的相貌，如红、黄、蓝等。通常用色相环来表示。色相是区分色彩的主要依据，是色彩的最大特征。

2.明度

明度是色彩的明暗程度。一般情况下的衡量尺度是由黑到白所分成的若干部分，越接近黑色，其明度就越低；越接近白色，其明度就越高。

3.纯度

纯度，就是各色彩中包含的单种标准色成分的多少。纯色色感强，即色度强。所以纯度亦是色彩感觉强弱的标志。

色相不同，其纯度也是不同的，其中纯度最高的是红色，绿色相对较低，其他颜色居中，同时明度也不相同。

（二）色彩的混合

1.原色

色彩中将最基础的、不能再次分解的颜色称为原色。原色的融合可以产生其他颜色，但是其他颜色不能再还原出原本的颜色。

2.间色

由两个原色混合可得到间色，如橙、绿、紫等，也称第二次色。

3.复色

颜料的两个间色或一种原色和其对应的间色（红与绿、黄与紫、蓝与橙）相混合可得到复色，也称第三次色。

三、构成公共空间色彩的设计方法

（一）色彩的协调

色彩的协调，就是使两种以上的颜色相互搭配，产生和谐的效果。公共空间室内色彩设计讲的是如何配置色彩，它直接影响到了最后呈现出的效果。每一个独立的颜色都不会有美或者不美之分，只有与其相配的颜色是否合适之分，没有什么颜色是不可使用的。同一种颜色在不同的颜色背景下，所展现出来的色彩效果是完全不同的，色彩之间的相互搭配直接影响到了最终的色彩效果，因此如何处理好色彩之间的协调关系，就成为配色的关键。

所谓色彩协调就是一项秩序，可以将色彩协调分成近似协调、明度协调、对比协调、综合协调、彩度协调及色相协调等。

在公共空间的色彩设计中，近似协调和对比协调是比较重要的两种协调方式。近似协调虽然可以让人感觉很随和、平静，但是过于单一的环境也会让人觉得平淡、乏味。对比协调在色彩之间的对立与冲突所产生的和谐关系更能动人心弦，但是过分地运用对比协调会让人产生凌乱的感觉。事物总有两面性，要使色彩协调的把握要在一个范围中，关键在于正确、适当地处理和运用好色彩的统一与变化规律。

（二）色调的把握

公共空间设计色彩中要有主调和基调，主调可以将空间的冷、暖、氛围全部呈现出来。在对规模较大的建筑进行设计时，其色彩主调要贯穿整个空间，在此前提下，再从个别的、局部的小范围入手，采取适当的变化。选择主调时，必须符合空间的主题，对色调的把握就如同创造一首乐曲中的主旋律，所以是至关重要的。

（三）色彩的对比

两种及两种以上的色彩并列相映的效果之间所能看出的不同就是对比。色彩对比可以分为面积对比、综合对比、色相对比及补色对比。

色彩对比强烈，在视觉上有跳跃感，在空间中有很强的表现力，在渲染烘托气氛时常用这种处理手法。

色相对比。就是将什么都没添加的原色，用它最强烈的明亮度来表示。黄、红、蓝是极端的色相对比，这种对比至少需要三种清晰可辨的色相，其效果总是令人感到兴奋、生机勃勃、毅然坚定。

明度对比就如同白昼与黑夜、光明与黑暗。黑色和白色是最强的明度对比，在它们的对比之间有着灰色和彩色的领域。

冷暖色对比。有实验表明，在同样的温度条件下，人们对于冷热的感受大概可以相差 $2\,℃\sim3\,℃$。比如在暖色调的室内工作的人会在 $11\,℃\sim12\,℃$ 时感到寒冷，而在冷色调房间工作的人则在 $15\,℃$ 左右就感受到了寒冷。

补色对比。就是色相环上呈 $180°$ 的色彩的对比，称这两种色为互补色。这样的色彩对比既互相对立，又互相需要。当它们靠近时，能相互促成最大的鲜明性。补色对比的处理十分强烈，白色墙、茶几、边几与黑色沙发互补，红色坐垫与盆栽的椰树红绿色互补。

同时对比。就是人眼看到的每一种色彩，眼睛都会同时产生这种颜色的补色。如人在盯着红色 30s 后，再将目光放在白色墙面上时，人会在白色墙面上看到绿色。每种色相都会同时产生它的补色。

（四）色彩在空间中的特殊运用

在确定色调的基础上，以色彩的协调为原则，色彩的变化可以使空间变得丰富。巧妙地运用色彩的对比和呼应关系，是空间中色彩表现魅力的一种技巧，是一个优秀设计师的重要素养和能力，这些色彩的表现体现在空间中的所有物件上。

因为公共空间的设计事物多种多样，且相互影响，所以在进行公共空间设计时要特别注意色彩设计的统一性。

第三节　公共空间设计的环境

一、公共空间中的光环境

在大型公共建筑中，光的作用不仅仅是为了满足人类视觉功能的需要，它更是一个非常重要的美学元素。光可以在人类对物体色彩、形状、质地和大小的感知方面起到直接的影响，光可以让空间产生，也可以将其改变，甚至是破坏。因此，在设计时不仅要让它达到最基础的照明功能，还要考虑到整个空间的艺术气息与氛围。公共场所的照明为人打造了一个照度良好的工作环境，以及让人舒适的视觉环境，并且通过与室内艺术设计的配合，对整个室内公共空间起到了美化的作用。

（一）空间的光环境设计

空间的光环境设计可以分成天然采光和人工照明两种。

1. 天然采光

天然采光所产生的光和影是一种具有特殊性质的艺术，这种艺术是难以用语言表述的，比如当阳光透过树叶洒在地上，随风变幻，产生的时有时无的光斑，在月光的照射下，墙上的影子或者风雨中室内摇晃的吊灯，这些都是天然光所呈现出来的美。太阳光和月光组成了自然界中的光影，室内的光影就要通过各位设计师来打造。通过将各式各样的照明设备置放到合适的位置，在表现光的同时也可以将影体现出来，使室内空间更加丰富。

天然光是运用日光的直射、反射等特征，以及利用各种采光口来进行设计的，旨在为人们创造一个舒适的光环境。

2. 人工照明

人工照明设计时通过对灯具的造型和分布进行设计，再结合人造光源，旨在打造一种特定的人工光环境。随着光源的不断创新，以及装饰材料种类的日渐增多，人工照明不仅仅只是为了给人们提供照明需求，它更是环境照明和艺术照明的发展需要。在现如今的大型建筑中，人工照明已经是不可或缺的环境设计元素了。利用灯光指示方向，利用灯光造景，利用灯光营造空间氛围等，都是人工照明使用的体现。

光不仅可以满足人们的照明需要，还可以起到构成空间、改变空间、美化空间或破坏空间的作用。光可以直接影响物体的视觉大小、形状、质感和色彩，同时还可以表现和营造出一定的室内环境氛围。

（二）光环境设计的常用灯具

1. 白炽灯

白炽灯的重要组成部分是两个金属支架中间的一根灯丝，它可以在气体和真空中发热、放光。改变白炽光光源可以通过增加玻璃罩和漫射罩的数量来调节，还可以深化对反光镜、透镜及反射板的操作细节。白炽灯的光源小，价钱便宜，而且有各式各样的灯罩样子，并且有相适应的轻便灯架、顶棚的相关安装和隐蔽工具。可以使被照物体的立体感更加突出。它的利用范围广，种类繁多，且包含定向、漫射、散射等模式，是最接近太阳光的光色。但是白炽灯的暖色光和带有黄色的光并没有被大众所接受。就所需要的电量来看，它所产生的光通量是偏低的，它可以产生80%的热，但是光只有20%，且白炽灯的寿命较短。近年来，日本设计出了一款玻璃壳白炽灯，它的光色与普通白炽光相比来说要白许多。

2. 新型节能冷光灯

新型节能冷光灯就是在灯泡的玻璃壳外面镀上一层银膜，然后再在银膜上面加一层氧化钛膜，通过将这两层膜结合，就可以只让可见光透出去，而将红外线反射回去加热钨丝，这样就可以大幅度的节约电能。100W的节点冷光灯与40W的普通灯泡耗电量是不相上下的。

白炽灯采用不同的装潢和外罩组成，一部分选取的是透亮滑润的玻璃，还有一部分是经过酸蚀或者喷砂来进行消光，也有的在等灯壁内抹上硅石粉，这样可以让发出来的光更加柔和、自然。

3. 卤钨灯

卤钨灯的主要特征是体积小，使用期限长。色彩图层也经常运用在卤钨灯上。由于卤钨灯的光线中具有大量的红外线和紫外线，所以在经过长时间的卤钨灯照射之后，大部分物体都会变质或者褪色。近年来，日本研制出了一种能阻碍红外线并且吸收掉紫外线的一种单端定向的卤钨灯，这个灯还具备一个分光镜，可以阻碍红外线的传播，让物体不会褪色、不变质。

4. 荧光灯

荧光灯是一种低压放电灯，它可以将紫外线转换为可见光，且具有多种颜色，如暖白色、冷白色和增强光等。荧光灯是将一层荧光涂粉涂在灯管内，而它颜色的变化就是由这涂层所控制的。荧光灯是散布均匀的光，它的功率是白炽灯的 1000 倍，使用期限更是白炽灯的 10 ~ 15 倍，所以相比较来看，荧光灯在省电的同时，还会节省更换费用。

5. 氖管灯

一般情况下，商业标志和艺术照明采用的都是氖管灯，近年来一些建筑也开始采用氖管灯。氖管灯电量消耗巨大，但是使用期限较长。

6. LED 灯

LED 已被全球公认为是新一代的环保型高科技光源。LED 照明是通过超导发光晶体所制造的强度较高的灯光产生的。LED 灯和白炽灯相比来看，它发出的热量很少，不会浪费多余的热量；和氖管灯相比，不会对高压电造成破坏，而且能比氖管灯节省 80% 以上的电能；和荧光灯相比，LED 灯不会因为长时间的耗费能力而排出有毒气体。

LED 灯无辐射、低消耗、功效大且使用期限长。由于光源不同，它的显色性能和色光也不同，因而会对室内的氛围带来不同的影响，可根据需求来进行选择、设计。

（三）空间光环境设计的目的

1. 舒适的视觉条件

适当的光线量分布可以产生平衡和韵律感，就像自然光线给人带来平静、舒适的感受一样。这种光线可以使人很容易适应环境，可提供给人视觉上的舒适性。

正常人每天 80% 以上的外界信息都是通过视觉器官来接收的。因此，创造优良的光环境，必将有利于人们获得更多、更准确的信息。优良的光环境在有力地保护我们的视觉器官——眼睛的同时，还能通过照度的改变和对眩光的控制创造出合理的照度及光色，提高人们的生活质量和工作效率，减少因过强的眩光而造成人的注意力分散的现象。

2. 良好的空间氛围

当光线明亮且焦点集中时，会让人有中心感和被重视感，也会让人变得更加自信，这是因为明亮的光线对人具有刺激性和吸引力，但是如果过度使用会使人出现心理和生理上的厌倦感和困扰情绪。晦暗的灯光令人感到松弛、平静、亲密且浪漫，但灯光过度的晦暗会使人感受到抑郁、惊恐或不安。透光的孔洞、窗户、某些构件、陈设、植物等，在特定光线的照射下，能够出现富有魅力的阴影，投射到地面，墙面，或组成有韵律的图像，能够大大地丰富空间的层次，烘托氛围，使空间更具活力。

室内环境因空间功能性质的不同，审美要求也不同，而良好的照明设计能烘托出良好的空间氛围和意境。

3.合理组织空间

灯光可以形成各种虚拟空间。照明方式、灯具类型的不同，可以使区域能够具有相对的独立性，能够成为若干个虚拟空间。还可以在一定程度上改善空间感，如直接照明使空间显得平和，亲切，紧凑。间接照明使空间显得神秘、幽静。暖色灯光使空间具有温暖感，冷色灯光使空间具有凉爽感。另外，灯光还能起导向作用，通过灯光的设置，能够把人们的注意力引向既定的目标或既定的路线上，照明的良好设计能合理地组织空间。

4.体现地域特色

不同国家、不同地域、不同时期的灯具都有各自的特点，因此，不同的灯具形状还可以具体地体现出室内环境的民族性、地域性和时代性。如中国的宫廷灯具，欧洲古典枝形吊灯等都是体现地域特色中不可多得的元素。

5.塑造立体感

用灯光来塑造立体感的现象在橱窗、商业、展览等展示场合出现得较多。巧妙地、合理地利用阴影来表现立体感可以使展品栩栩如生、更富魅力，且更具吸引力。

6.表现质感

搭配不同的灯光可表现不同材质物体所具有的不同质感。如金属及玻璃制品、宝石、各种肌理的墙布、室内织物、木制品及陶瓷制品等。

二、公共空间中的色彩环境

色彩是空间语言中重要且最具表现力的要素之一。当论及色彩时，我们并不只是指视觉现象的一个特殊方面，而是指一个专门的知识体系。随着现代色彩学的不断发展，人们越来越深入了解色彩的知识，对色彩功能的了解与运用也越来越普遍，将色彩推到了公共空间设计中的首要地位上。在公共空间中，应该强调色彩在室内设计中的应用，以及色彩对人们心理和生理上的影响。每一次的色彩设计中，都要考虑到人们对色彩变化的感受，从而营造出一个情调、秩序、个性、层次相统一的环境效果。

（一）色彩的特性

1. 色彩的冷暖

一般来说，物体可以通过表层的色彩给人带来不同的感情变化，或寒冷，或温暖，但人类是要通过触摸物体才会产生温度感觉，这与色彩并无关系，可事实上，各类物体确实需要借助五彩缤纷的色彩给人以一定的温度感觉。

以往有关色彩冷暖的实验多从色彩对视觉的影响入手，这些实验证明，色调直接影响了人对色彩的冷暖感觉。红、橙、黄等颜色可以使人想到阳光、烈火，故称为暖色。

色调决定了人类对色彩的冷暖感觉，因此我们将色彩按照冷色系、中性色系和冷色系的分类划分比较妥当。然而，严加分析则不难发现有些颜色既属于暖色系也属于中性色系，色彩的冷暖归属不能一概而论。从色彩的特性考虑，暖色系色彩饱和度越高，它的温暖特征就会越突出，冷色系的色彩亮度越高，它的寒冷特征就越突出。在进行设计时，合理地运用色彩的温度感来渲染环境气氛会起到很好的效果。

2. 色彩的重量

假设现有一黑一白两个方体，形状、体积、重量完全相同。黑色方体则显得重量大，白色方体则显得重量小一些。色彩性质对空间亦有很大的影响。浅色的空间给人以明朗、轻快、扩充的感觉；深色空间则给人以沉着、稳重、收缩的感觉。

上面所提到的这些现象都说明了不同的色彩会带给人不同的感受，色彩给人带来的重量感是质感与色感相结合的效果。在空间设计中，为了达到安定、稳重的效果，宜采用重感色，如将设备的基座及各种装修台座涂上重颜色。为了达到灵活、轻快的效果，宜采用轻感色，如将悬挂在顶棚上的灯具、风扇、车间上部的吊车涂上轻颜色等，通常室内的色彩处理多是自上而下，由轻到重的。

（二）空间中色彩的知觉效应

1. 距离感

色相和明度对色彩距离感觉的影响是最深的。如白和黄的明度最高，凸出感也最强；青和紫的明度最低，后退感最显著。但色彩的距离感也是相对的，且与背景色彩有关。如绿色在较暗处也有凸出的倾向。在空间设计中，常利用色彩和距离感来调整室内空间的尺度距离等。

2. 空间感

有色系的色刺激，特别是色彩的对比作用可以使感受者产生立体的空间知觉，如远近进退感，其原因有两方面：一是视色觉本身具有进退效应，即色彩的距离感，如在一张纸上贴上红、橙、黄、绿、青、紫六个实心圆，可以发现红、橙、黄三圆有跳出来之感；二是空气对远近色彩刺激的影响，远处的色彩光波因受空气尘埃的干扰，有一部分光被吸收而未全部进入视感官，色彩的纯度和知觉度受到影响后使人们视觉获得的色彩相对减弱，从而形成了色彩的空间感，如远处的树偏蓝，近处的树偏绿。实验还表明，在室内空间环境不变的情况下，若改变空间色彩，就会发现冷色系、高明度、低彩度的室内空间会显得更加开敞，反之显得封闭。

3. 尺度感

因受色彩冷暖感、距离感、色相、明度、彩度，对空气穿透能力及背景色的制约，所产生的色彩膨胀与收缩的色觉心理效应，即为尺度感。通常暖色、近色、兴奋色、明度高、彩度大和以暖色为背景、暗色背景、黑色背景的色彩，易产生色觉膨胀感。反之会使色觉产生收缩感。色彩从使人产生膨胀感到收缩感的顺序是：红、黄、灰、绿、青、紫。形成或改变色觉膨胀感以平衡其色觉心理的主要方法是变换色彩宽度。在空间设计中，同样大小的构件，若为黑色就显得小一些。

4. 混合感

将两种不同色彩交错均匀布置时，从远处看去，会呈现出这两种色的混合感觉。在建筑色彩设计中，要考虑远近相宜的色彩组合，如黑白石子掺和的水刷石呈现出灰色，青砖勾红缝的清水墙呈现出紫褐色等。

5. 明暗感

色彩在照度高的地方，明度升高，彩度增强，在照度低的地方，人对明度的感觉随着色彩的变化而改变。一般绿、青绿及青色系的色彩显得明亮，而红、橙及黄色系的色彩显得发暗。

三、公共空间中的声环境

（一）声环境设计

1. 噪声控制

控制噪声的基本原则是通过保护接收者，以及对噪声源头和传播路径进行控制从而来降低噪声。其中在声源处降低噪声是最根本的措施。

对声源噪声的具体控制为：通过改进结构，安装消音器，采取减振、隔声等手段，利用声音特性，以及降低噪声源头的声音等，从而来对噪声进行控制。声波在传递时会随着距离的增加而减少，所以可以使噪声源远离安静区。声音辐射具有一般指向性，低频噪声的指向性很弱，指向性会随着频率的增加而变强。所以降低高频噪声的有效手段就是改变噪声的传播方向，还可以通过天然屏障或者建立隔声屏障，或者通过吸声材料中的结构模式的方式，把传递过程中的声能吸收消耗。对固体振动产生的噪声可采取隔振措施，以减弱噪声的传播。在规划城市时，要做好有效、合理的城市防噪声设计，尽最大可能减少噪声的暴露时间，也可以对噪声环境下的工作者进行适当调整。

2. 空间音质设计

室内音质设计是建筑声学设计中的一项重要内容，其音质设计的成败往往是评价建筑设计优劣的决定性因素。室内音质设计应在建筑设计方案初期就同时进行，而且要贯穿在整个建筑施工图设计、室内装修设计和施工的全过程中，直至工程竣工前经过必要的测试鉴定和主观评价，进行适当的调整、修改后，才有可能达到预期的效果。

（二）各类公共空间的音质设计

各类建筑物，如音乐厅、各类剧场、电影院、多功能大厅、教室、讲堂、体育馆及录音室等，对音质有不一样的需求，在设计过程中所要重点注意的地方也不一样，所以在进行设计时要按照上面所说的标准和模式，再结合实际情况，灵活解决。除此之外，以上所提到的建筑物中都包含许多附属空间，比如走廊、休息室、门厅等，在设计整栋楼的声环境时，这些空间起着至关重要的作用。所以要把整栋楼作为一个整体，对其进行声环境设计。

四、公共空间中的热环境

与公共空间相关的热环境包括室内的通风制冷及供暖。要创造出达到人体基本健康水平的室内热环境。

（一）供暖

在寒冷的冬季，供暖应首先考虑室外的热环境，根据个人差、衣着差、职业差的特点，确定室内合适的温度，参照有效温度线图，确定恰当的舒适温度，根据国家相关采暖规范确定供暖标准。使室内供暖温度适当高一点，但不宜太高，否则从室内到室外会使人感到更加寒冷。

高大空间室内温度分层现象非常严重，室内温度变化幅度是相当大的，在供暖时，送到对应工作区的风要温差小。条件允许的情况下可以与辐射供暖相结合。这些方法可以让空调减少30%～40%的工作负荷。采用诱导方式（诱导封口的诱导比为4～5倍），从而可以使上下温度分布均匀。对大空间空调来说，最重要的是对气流的控制。由于冬季空气干燥，供暖后会更加干燥，容易使流感病毒繁衍，故供暖时应考虑湿度条件，以利于人体健康。

（二）送冷

夏季送冷，与供暖相反，首先就是不要使室内温度降过了头。过量的冷会使人感到不舒服，而且再到室外时会使人感到更热，一般室内外温差需要控制在5度以内。其次应注意气流问题，从空调的出风口或室内冷气设备的出风口直接送出来的风，在2m处的风速为1m/s。而且冷气只有16～17℃，这样会使人感到过冷，容易生病，故应避免风口直接对着人体。供冷时，冷风只需送到工作区即可。

（三）通风

通风与换气的方法有自然通风和机械通风（或空气调节）两种。

1. 自然通风

自然通风即用室外的新鲜空气替换掉室内在生活过程中所产生的受污染的空气，从而让室内的空气环境可以一直保持在某一标准的基础水平上，这种通风模式是无论在什么气候条件下都可以完成的，我们通常称其为健康通风。由于人类皮肤潮湿所引起的不舒服的情况都可以通过自然通风来改善，并且自然通风还可以增强人体自身的散热功能，一般应尽可能采用自然通风，这不仅可以节省设备和投资，还对人类的身体健康有很大的保障。在寒冷的冬天，在一定时间内进行适当的自然通风，还能预防疾病的发生，阻碍病毒的传播。在炎热的夏天，自然通风不仅会让我们的生活环境更加清爽，也有助于人体排汗，从而增强舒适感。

2.机械通风

当自然通风无法保障卫生或者不能达到人类特殊要求时，就需要采用机械通风或者空气调节来进一步解决这些问题。要想实现自然通风，第一步就是要在总体设置、建筑规划及窗户、门的朝向这些方面做好设计，同时还要设计好建筑物中门的尺寸及开窗口的大小和摆放位置等。

第七章　城市公共空间的设计

提出城市公共空间艺术设计的概念旨在将城市设计的关键要素与其他因素相区分。城市公共空间艺术设计的质量关系着城市的品质。城市公共空间设计对于城市的设计和管理具有重要作用。城市公共空间的艺术设计有其特征和需要遵循的原则与方法，研究这些特征、原则和方法对于城市公共空间设计的具体应用具有重要意义。

第一节　城市公共空间的艺术设计

一、城市公共艺术设计的概念

城市公共空间的艺术设计即为公共艺术。公共艺术（Public Art）是一个舶来词，指在公共空间中展示的、民众共同参与的艺术，又被称为公众的艺术或社会艺术。从它的含义可见其前提是公共性，只有具备了公共性的艺术才能称为公共艺术。同时，它不被任何一种艺术流派或艺术风格所涵盖，也不单指任何一种艺术形式。它存在于公共空间之中，并为公众提供服务，公共空间中的文化开放性、共享性、交流性的精神和价值在其身上得以体现。它与城市环境相融合，与城市发展共生，是体现了城市文化的艺术。如都柏林尖塔，其官方名字为"光明纪念碑"，坐落于爱尔兰首都都柏林的奥康内尔街，是一座高 121.2m 的不锈钢尖塔，这一建筑已成了都柏林的地标，吸引着游客前来观赏。

从狭义上讲，城市公共艺术是人类集群环境中的艺术综合体，也可以说是园林、壁画、雕塑、建筑、灯光、喷泉、音响等的综合设计的组合艺术。城市公共艺术设计要和城市规划、城市交通和城市环境等客观条件保持一致，保证整体的和谐统一。从广义上讲，它的内容及表现形式更为丰富和多样化。舞台剧、电影、美术馆艺术作品和环境艺术等视听艺术，行为艺术、大地艺术和观念艺术等前卫试验性艺术都可算作城市公共艺术。因此，对城市来说，城市公共艺术除了装饰和美化功能之外，还有深化纪念性、主题性的功能。公共性是城市公共艺术最根本的特征，公共性具有以下两个层面的含义。

一是形式层面，城市公共艺术不同于私人艺术、绘画艺术等。其集中表现在两个方面：一方面城市公共艺术存在于公共空间之中，不可能以私密的形式构建；另一方面，城市公共艺术要面向于社会大众，社会大众可以对博物馆、展览馆中的艺术进行主动选择。

二是内涵层面，城市公共艺术存在于社会交流之中。城市公共艺术不仅仅是对日常生活的部分装饰，还从艺术、文化和美学的角度出发指导着城市公共空间的艺术设计，从整体上介入社会生活方式，以满足社会公众的精神需求，并对其加以引导。

公共艺术设计的发展历史并不长久，在发展过程中应保持民族个性，同时做到面向世界、面向时代，这是值得广大艺术设计者和艺术研究者深入思考的问题。近年来，城市公共艺术设计的概念被使用的频率越来越高。在西方国家，虽然城市公共艺术设计概念是在其社会土壤和历史契机下偶然出现的，但在我国，它的出现和应用却是必然的。它是处于转型期的当代中国对公共空间的美化和提高民众生活质量方面所迈出的一大步，也是其开放性与民主化的反映。

二、城市公共艺术设计的特征

（一）科学性

对艺术问题的讨论需要在文化、时代和社会背景下进行，否则将是没有意义的。现代社会在时代背景下前进，科学是其发展的推动力，当代科学技术的发展趋势是立足于综合化、总体化的总趋势。在科技竞争激烈的今天，科技人才的培养模式和培养方法面临着新的改革，有人认为要进行专业重构，也有人认为科学与艺术是密不可分的，因为对于艺术本身来讲，其是脱离不了与科学共同进步、共同影响的关系的，单一化地将其分开难以解决未来复杂的情况。纵观当代城市公共艺术的发展走向，会发现发展与科学技术总体发展走向相似。当下艺术和环境的联系越发紧密，对于城市公共艺术的思考更需加以重视。如 Pleated Inflation，这是法国 Angeles 的一个非正式的永久性游乐设施，是由建筑师马克·福恩斯（Marc Fornes）设计的，这项设计通过自定义的计算协议结构塑形，画法几何和应力穿孔技术被开发出来。二维网格线作为轨迹在空气中扩散和膨胀，形成了用最小的轻质材料创造的庞大空间。Pleated Inflation 正是公共艺术设计和科学技术结合的典型范例。

21 世纪全球环境问题已提高到了人类生存问题的高度，世界各个国家都对这个问题非常重视。在这一前提下，无论是景观设计人员还是公共艺术设计人员都有广阔的发展空间。在漫长的人类发展史中，各个国家和民族既创造了灿烂辉煌的文化艺术，也在此过程中给生态环境造成了很大的影响。因此，提倡人类对艺术环境的创造精神是时代和社会发展的共同需要。

提倡公共艺术，正是由此出发的。成功的城市公共艺术作品与其所在的环境是和谐统一的，并会与其共同构成一个景观，表达不同的时代和社会作品下的空间意识和文化内涵，并将维系空间和其所在的环境之间的关系。城市公共艺术是一项大型综合艺术，需要在艺术、科技、工程及人文的相互配合下完成，其本质是现代艺术设计，城市公共艺术设计师应当明确每一个参与设计和施工的人员在整个城市公共艺术工程中承担的任务和发挥的作用，以及与其他因素的配合。这也是一个城市公共艺术设计师成熟的重要标志之一。只有各个专业、各个环节共同协作配合，才能创造出成功的城市公共艺术作品。成熟完善的设计思考之于城市公共艺术就像导演之于电影，指挥之于乐队。以城市建筑规划为例，城市规划与建筑设计问题包括建筑设计的关系问题和建筑的艺术风格问题。建筑的设计、建筑内部结构的组合关系、建筑与建筑的组合关系，要经过认真的设计和思考及多方考量，而不能由建筑的业主决定。建筑的外部结构、各部分的比例及相关关系、建筑的色彩及外轮廓的影像与光影效果等都应成为审定标准的因素。而建筑风格问题是城市建筑规划中的重要问题，关涉到功能与审美的问题、整体与局部的问题、古典与现代的问题，以及东方与西方的问题。

如果将人类聚居活动作为人类文明的主要表现来看，与此相关的城市公共艺术不能不受到总体规划的制约。这种制约恰恰是艺术体现的一大特点。就是这种制约将城市公共艺术和绘画或雕塑等私人艺术区别开来，如果弄不清制约与城市公共艺术的关系，就必然会使其口味变异、文不对题。

对于城市公共艺术设计从业者来说，在进行艺术设计之前，首先应了解自然环境、社会环境的适应程度与艺术风格和谐统一的要求，了解现代科学技术的发展，掌握新兴材料的特性，熟悉现代科学技术的加工手段，增强现代艺术设计审美意识和现代人文科学、社会科学的思维方式与观念。以此确保城市公共艺术设计的多元化发展，同时城市公共艺术表现手法才能更加丰富。例如，第 54 届威尼斯国际艺术双年展中美国国家馆的参展作品"算法"，该作品是一台与管风琴连接的取款机，参观者在取款按键时管风琴会发出不同的声音，非常有趣。

（二）艺术性

随着城市化进程的加快和城市的扩建，城市与艺术化的生存理想、给人带来的美感享受、城市建设的初衷逐渐消失了。社会公众对文化的需求程度随着城市的发展而提高。有关专家认为，在经济快速发展的 21 世纪，城市中心将向文化积淀深厚的地区转移，城市公共艺术作为艺术与生活、城市、社会公众的代表，将走向更广阔的天地、更庞大的群体，甚至走向生活本身。从功能层面来看，城市公共艺术是现代城市发展的必然要求，是城市地域文化与现代城市生活融合的具体体现。与纯艺术和绘画、雕塑等架上艺术相比，城市公共艺术承载着更多的社会、文化与政治功能，其公共特性必然会使得其文化表现力与感染力更加强烈。艺术来源于生活，并为生活提供服务。城市公共艺术能给城市增添更多美感，让人体验艺术所带来的欢愉与共鸣，让城市成为人们理想的栖息地。

宫廷吊灯（Palace Chandelier）是一件悬挂在 18 世纪建成的皇后阶梯天花板上的当代雕塑，位于历史名址英国汉普顿宫里，当时名为皇家寝宫的秘密（Secrets of the Royal Bedchamber）的展览曾在这里展出。首先，作品表现出了大自然缥缈的感觉，它四周的光影和反射延展到整个空间中，使整个空间都成了作品的一部分。该艺术作品冲破了物质空间的界限。其次，民众可以从各个角度或不同距离去观赏。无论白天还是夜晚。丹麦设计双人组 Roso 工作室设计的枝形吊灯始终以美轮美奂的艺术形象令人叹为观止。这个设计体现了城市公共艺术的艺术性和公共性，并丰富了城市文化。

（三）文化性

文化性是城市公共艺术的特征之一，是城市的灵魂和内涵的再现，是历经岁月积淀而形成的。在当今时代，衡量城市是否发达不只依赖于经济这一个指标，文化在城市发展中的作用逐渐受到重视。以文化为核心的城市，其独特的城市内涵已与该城市各个发展要素相联系，成为另一个评定城市魅力的重要标准。

城市公共艺术集中体现了社会文化的意志，多元化的人文活动扩宽了社会文化的领域。同时，全世界正面临着的生态环境问题使得以生态为主张的思想贯彻于城市公共艺术设计中，这是当今城市公共设计的努力方向。此外，城市公共艺术是整体的艺术创作，并呈现出多元性的特点。艺术家除了其本身的工作外，还需要与建筑师、规划师、生态学家、社会学家携手探寻现代人精神生活的环境空间。

（四）当代性

城市公共艺术设计的当代性即城市公共艺术创作回归到朴素的本原，与城市地域性自然的融合，并通过城市公共艺术创作感受到人文关怀最真切的表露。同时，随着人们生活方式的改变，城市公共艺术已融入日常生活中，其自然性、地域性、非日常性与参与性、可持续性与多样性的特性日益浓厚。

1. 自然性

"每个人都必须轻柔地触碰大地"，这意味着城市公共艺术不再是单纯地强调美观、舒适性和趣味性，而是更要充分尊重基地的植被、水源、地势等土地特征，将城市公共艺术形式、布局及技术对基地的影响降至最小。诚然，城市公共艺术与现代建筑设计一样，保持原生态（日本专家称之为原风景）的理念不可或缺。城市公共艺术的形式不是凭空而来的，而是建立在其本身结构、材料、空间与环境互动的基础之上的，也就是所谓的"形式追随生态"。野口勇的城市公共艺术设计非常关注与自然环境结合的生态理念，从其公园的创作可以看出，他尽可能地为民众带来视野宽广、与自然融为一体的空间环境，并在此基础上满足民众舒适度的要求，并减少耗能、减少设备系统的生活目标。这正是城市公共艺术的"应有状态"，同时也是依据"自然之理"（The Nature of nature）发挥公共艺术所在地的"自然之利"（The Nature of Site）。

2. 地域性

在城市景观中，城市公共艺术是不可或缺的要素之一，无论是广场还是公园，或是小小的街旁绿地，都需要创作精良的城市公共艺术景观作品来做为点睛之笔。不同的城市处于不同的地理位置，其所具有的城市地域性也是不同的。所谓的地域性是指由某一特定区域的不同地形地貌、自然环境、人文特征、历史传承等因素，经过长时间的同一定性而形成的认识事物的独特视角及心理感受。地域性内涵丰富，就时间上来讲，在历史发展的各阶段，城市公共艺术设计应具有持续性；就空间上来讲，城市公共艺术设计又有其独特性和主导性。而所谓的地域关怀，就是对其所处的地域特色予以充分的适应与尊重。在城市公共艺术设计中，只有尊重并且顺应该地的地域性，才能创造出适应当地群众的城市公共景观，才能使得城市公共艺术更好地服务于大众生活，并且成为城市地域特色的载体。例如，越南建筑事务所武重义工作室在东京六本木为"TOTOGALLERYMA"建造的竹林馆，日本自古以来喜用竹，该作品与当地历史文化性充分融合，使得其具有浓厚的地域特性。

分析城市公共艺术设计的地域性关怀的表现，主要体现为以下两个方面。

（1）对地理环境的关怀

对地理环境的关怀，即对当地的地貌、气候等自然环境特征的尊重。地域性的一个重要的体现因素之一就是所处的地理环境特色。不同的地域都有各具特色的气候和物产。就我国而言，从大的角度来看，我国幅员辽阔，东西、南北的气候差异较大，季节、降水情况都有所不同。而从小的角度来看，不同地域的物产、习俗甚至语言都是不尽相同的。厘清地方的地理环境特色，对城市公共艺术设计营造来讲是十分重要的。

（2）地方文化及民俗的关怀

世界各地民族众多，不同的民族在长期的发展演化过程中形成了不同的民俗和文化。城市中的公共艺术作品只有顺应了当地人们的民族文化习俗，才能被当地人们所接受，发挥出愉悦于人、适宜于人的最大社会功能。地方文化及民俗不仅能体现出不同城市的地方风格，同时也是体现不同城市的独特文化风貌的一个重要的因素。地域性关怀重在对大众心理需求的关怀，城市公共艺术设计是城市人文环境的重要组成，在城市公共艺术设计创作中，只有对作品所处的环境做出充分调研，重视公众的参与度与群众的充分沟通，才能创造出优秀的且充满地方文化及民俗的城市公共艺术作品。例如，位于重庆市沙坪坝区三峡广场的一系列以川江号子为主题的雕塑作品。重庆市是嘉陵江与长江的汇合地，该地自古以来便是河流运输的中转地，当地特有的川江号子更是重庆地域文化的代表，这个雕塑不仅体现了重庆的地域性，更充分地表现出了重庆的地域性所带来的特有的历史轨迹。

3. 非日常性与参与性

非日常性与日常性是一组对比和互补的关系，一方的存在必须以另一方的存在为前提条件。因此，非日常性的概念并不能只凭借空间固有的性质或特征来诠释，需要通过与日常空间的比较，来捕捉不同的、特殊的效果。

当今社会中，城市公共艺术设计已经成了社会生活和社会交流的一部分，它体现的文化精神和具有的社会功能是不同于私人艺术的。一方面，城市公共艺术不只是日常生活中的局部装饰。它从文化、艺术和美学的角度出发，指导着整个公众的生活方式，更深层次地介入了民众的生活中，以满足社会公众日益增长的精神需求，并对其进行引导；另一方面，城市公共艺术的对象是全体社会公众，社会公众可以对博物馆或美术馆中的艺术进行自主选择，或积极参与并融合到城市公共艺术所创造的环境氛围之中。因此，参与性是城市公共艺术设计的当代特性之一。

4. 可持续性与多样性

从发展的层面来看，随着城市的发展变化和社会公众对城市生活的需求变化，城市公共艺术作品也是不断发展变化的。与人类的其他实践活动成果相比，城市发展由于人们的需求不断提高而不断发展变化，且没有最终的完成体。纵观现代城市发展历程可以发现，在将经济做为核心的现代主义世界观的影响下，很多文化积淀深厚的城市失去了其人文特征，而新兴的城市又因缺乏历史沉淀而沦为文化、精神层面上的沙漠，使得城市变得更加无情和冷漠。对此，城市公共艺术做为城市文化的载体，应具备充当城市名片的作用。随着城市的发展，城市公共艺术设计也应与时俱进、共同发展，成为一个可持续性的文化宣传标杆。

三、公共空间设计要点

（一）功能性

1. 功能性需求

功能是一个事物在同其他事物相互关系中表现出来的作用和能力。从事物与人的关系角度来看，功能是指事物对人的需求的满足能力，事物的价值通过功能得以体现。公共空间是具有多种功能的空间，它能够满足多种复杂的需求。

关于人的需求，美国社会心理学家、比较心理学家、人本主义心理学主要创建者之一马斯洛提出了"基本需求层次理论"。他将人的需求分为生理需求、安全需求、爱与归属的需求、尊重需求、自我实现的需求五个层次，这五个层次是按需求程度由低到高排列的。后来，他又将这五个需求扩充为了七个需求，分别是生理需求、安全需求，爱与归属的需求、尊重需求、求知的需求、美的需求、自我实现的需求。这些需求之间的关系是层级递进的关系，随着低层级的需求的满足，高层级的需求就会随之出现。

为了满足这些需求，人类要对居住环境进行有目的、有计划的改造，公共空间就是在此基础上产生的。卡尔等人对人们希望在公共空间中得到满足的需求进行了分类，他们认为公共空间应该能满足舒适、放松、对环境的被动参与、对环境的主动参与这五种基本的需求。其实，马斯洛的需求层次理论对于分析公共空间的功能性也是很具参考价值的。因为，公共空间设计应该能够在他所定义的五个层次上提供与各种需求相对应的功能。

2.功能性需求的五个层次

第一，生理需求是人类生存的最为基本的需求。所谓"食色性也"，衣食住行条件能够保证人类个体的生存，性的需求和满足维持了人类作为种群整体的世代繁衍。如果人类的生理需求得不到满足，那么人类将面临生存危机。因此，生理需求是人类行为的推动力。

公共空间设计应该尽可能地保留和利用生态系统服务所能提供的服务功能，同时，要借助于商业空间设计和基础设施设计使人们的基本生理需求得到满足。如在公共广场、城市街道、城市公园和滨水区等公共空间设计可供公众休息的座椅、可提供阴凉的树木、凉亭、避雨场所、提供餐饮服务的店铺或自动贩售机、洗手间、母婴室等基础设施以应急需。在进行城市公共空间设计时首先要考虑这些基本需求。

第二，安全需求是人类保障自身生命、财产安全的需要。作为一个有机体，人体具有本能的趋利避害、追求安全机制、感受器官和效应器官，以及对外界刺激的条件反射等反应机制，甚至人类创造的物质文明、社会体系、行为交往方式等都与满足安全的需要有联系。

一方面，城市公共空间本身要具有安全性；另一方面，它还应该成为整个城市安全体系的重要组成部分。

老人、妇女、儿童、残疾人等弱势群体是犯罪和意外伤害最主要的受害者。城市安全方面的隐患不仅仅造成了城市资源的浪费，还影响了城市生活的多样性，更严重的是，它的潜在威胁造成的恐惧感使弱势群体在受教育、就业、参与社会交往等方面受到限制，既妨碍其自身的发展，也不利于建立全面的、和谐的社会关系。社会上的问题直接影响着经济发展，这绝非危言耸听。例如，在夜晚，不安全的公共空间周边的商业活动是不可能正常进行的。因此，公共空间设计要充分考虑到使用者的安全，特别是老人、儿童和残疾人的安全，避免一切由设计和施工缺陷造成的发生在空间使用过程中的人身伤害，特别是公共设施的设置和设计更应该体现人性化原则，不仅要保证使用者的安全，还要尽可能地具有舒适性和操作的简易性。很多发生在公共空间中的意外伤害都与犯罪无关，由设计和施工造成的安全隐患是问题的主要诱因。

在构建城市安全体系、预防犯罪方面，依靠法治途径，用充足的警力和严厉的法律保卫市民安全是必要的。不过，一些研究显示，这些方式的效果往往是负面的。因此，有些学者试图从城市设计角度寻找有效措施。关于物质空间和犯罪行为的关系，奥斯卡·纽曼的防卫空间理论认为，空间设计尽管不能阻止犯罪，却可能为犯罪行为制造障碍，增加难度，从而减少犯罪行为的发生。纽曼在其《可防卫的空间》一书中提出了"通过环境设计来预防犯罪（CPTED）"的方法，其主要思路是通过空间设计防止犯罪，从空间和设施的设计上给犯罪行为造成不便，如减少视线死角，设置围墙、铁丝网等屏障，设置监控、电子眼等。简·雅各布斯在《美国大城市的死与生》一书中提出的"街道眼"的概念与此想法相似。"街道眼"是一种不自觉的公众参与。因为在众目睽睽之下，许多犯罪企图无法实现，而公众并不知道自己参与了监督，他们已经在不知不觉中起到了警察没有起到的维护社会治安的作用。这种"街道眼"有赖于公众的公共空间设计，如果空间设计对公众缺乏吸引力，空间中没有人的活动，自然就不会有足够的"街道眼"。

第三，爱与归属的需要包括两个方面的内容。一是友爱的层面，即每个人都需要和谐融洽的同伴关系，希望得到友谊和爱情，既希望自己能够爱别人，又希望别人能够爱自己。二是归属感和身份认同的层面，每个人都具有社会属性，都有一种归属于一个群体的需要，从而能够与群体中的其他成员互相关照。相比于生理需求，爱与归属的需要更为复杂，它与人的生理状况、受到的教育和思维观念等都有关系。

从城市诞生时起，它的一个重要功能就是防卫。城市的安全性涉及对外防御，也关乎市民在城市内部空间使用过程中的安全。在新的国际形势下，反对恐怖主义成了当今城市要面对的重要问题，公共空间在这个背景下就具有了新的功能。在应对地震、水灾等其他紧急事件的时候，公共空间如何发挥保障市民人身和财产安全的作用，也是城市设计者应该考虑的问题。

城市公共空间应该能够唤起人们的爱和认同，这种感情基于的是空间形式的美好，更基于的是一种场所精神。空间所体现的鲜明地方特色、文化传统、民族风格等性格特征让属于特定文化的人得到共鸣。在这样的场所中，人们会体验到，自己属于周边的环境，也属于场所中的人群，不但其个体爱的欲望有所寄托，而且在与其他人的交往中，每个人都不再是孤立无助的。几乎所有中国人都有一个愿望，那就是能够在天安门前拍照，这个行为实际上表达了人们对于天安门的热爱之情和对自己国民身份的认同感。为了提供这种归属感，公共空间设计应该尊重场所精神，并在具体的设计中通过对空间尺度比例、材料、色彩、细部、装饰等具体设计要素的运用来营造这样的场所。

第四，人人都有得到尊重的需求，都希望自己有社会地位，希望个人的能力和成就能得到社会的认可。尊重的需要分为内部尊重和外部尊重。内部尊重是指人能保持自尊，对自己充满信心；外部尊重是指人希望获得社会地位并得到他人的尊重。得到尊重的需求给人类社会带来了一种奖励机制，这种需求使人努力追求实现自身价值，推动了社会发展。

人是城市公共空间的主体，在进行公共空间设计时应考虑人的需求，坚持在人性化原则的指导下进行设计。人性化原则的思想根源可以追溯到西方的人文主义传统，甚至更早的古希腊民主体制。在物质文明高度发达的当代社会，城市公共空间的设计不应该成为权力和金钱的狂欢场所，每一个普通人的人性尊严都应该无差别地得到尊重。那种飞驰而行的超大尺度的汽车、令人感觉脏乱拥堵的街道；那种巨大、冷漠、没有遮阴、没有基本服务设施的广场；那种禁止人们踩踏、靠人工灌溉和喷施农药维持生长的大草坪，无论如何也同人性化毫无干系的。设计师在进行公共空间艺术设计时应将着眼点放在空间物质形态的设计上，同时注重人的生理、心理和精神方面的需求。为此，邹德慈先生提出了人性化城市公共空间设计的三条原则，一是分析公共空间中公众的行为特征，使公共空间艺术设计满足公众需求；二是将"人的尺度"作为公共空间的基本标尺，建立有亲和力的公共空间形象；三是在公共空间艺术设计中突显出个性和特色，展示地域文化，增强公众的认同感和归属感。

要实现公共空间设计的人性化，需在环境行为学、人体工程学等方面进行考虑，社会学、哲学、心理学、宗教、美学等以人自身为研究对象的人文科学更应该成为设计师的必修课。

第五，自我实现的需求是人最高层次的需要，它是人们最大限度地实现个人理想，达到自我完善、自我实现境界的人生追求。人的自我实现不是空洞和虚幻的，它可以表现为人们自信地与他人交往，得到尊重和认同。也可以表现为哈贝马斯所说的戏剧式行动，人们在公众面前公开表现自己，赢得公众的喝彩和掌声，还体现在借助于人际交往传播自己的思想观点，进而使个人意志和理想得到实现。

这些高层次需求的实现需要场所，城市公共空间正好为其提供了必要的场所。苏格拉底在雅典的城市广场上与市民辩论，斯巴达少年在公共广场和城市街道上练习作战技巧，他们把健全的身心看作人格完美的标准。众多的领袖人物在公共空间演讲、阅兵，接受民众的朝拜或欢呼，他们的行动表明了其政治地位，也成为其自我实现的象征，这些大人物在历史舞台上的表演，戏剧性地影响甚至决定着历史的进程。

（二）超越功能

城市公共空间中可能发生的主要功能有宗教礼仪、军事活动、社交、游行、集会、贸易、庆典、交通、表演、展示、竞技、健身、游戏、休憩、发表政论、审判、行刑等，与这些活动相对应，公共空间又可以划分成多种类型。以城市广场为例，尽管广场都是多功能的，但它们仍然可以按照主要的功能分为市政广场、纪念广场、交通广场、商业广场、宗教广场、休息与娱乐广场等。虽然为了便于研究和表述会对公共空间进行分类，但是公共空间的功能具有综合性的特点，并且其中一些功能会在使用过程中发生变化。这就要求要使用动态变化的眼光设计公共空间，使其能够满足未来的变化和需求。

满足各种功能性需求不但非常重要，而且是对于公共空间设计最基本的要求。但还有更重要的，那就是空间要具有能诉诸心灵的场所精神。在更高的层面上，公共空间艺术设计要考虑到人的存在与世界的联系，而不是抹杀个体的主观感受和思想，无视个体之间交往的需求和人们自我实现的需求，局限于最基本的功能性而"掉入以统计学上的使用者来评估的窠臼"。

第二节　城市公共空间设计的原则与方法

一、城市公共空间设计的原则

（一）环境和谐原则

公共空间是由人文、社会和环境这三部分构成的。关注环境对于城市公共空间设计具有重要意义。环境不仅具有自然内涵，还具有社会内涵。环境是由自然环境、建筑环境和人文环境三部分构成的。宏观层面的自然环境是指生物圈、大气圈、水圈、岩石圈等；微观层面的自然环境是指自然界中的万事万物。建筑环境是指包括城市道路、城市建筑等在内的建筑内外空间。人文环境是指社会制度、法律、经济、民俗风情、时尚文化等。其中，自然环境和建筑环境是城市公共空间艺术存在的硬环境，从材质、形式和比例等方面对其构成影响；人文环境是对城市公共空间艺术的文化品质和思想内涵起决定作用的软环境。人作为公共艺术本体，与上述几种环境因素需共融共生、相互依存，实现人与环境、人与物象、人与人的高度和谐。

公共艺术设计的核心是生态环境的整体性，它关注的焦点不是传统意义上的功能和形式，而是公共艺术在人文与自然环境中的适当地位。这种艺术形式不是强加于自然的，而是融合其中的，同时设计师也将从个体的创作转变为公共艺术的策划者、协调者和塑造者。其设计审美和价值取向的着眼点为地域特征原则——充分认识场所的自然属性，尊重大地与空间。地域环境文脉传承，注重其内在的、精神上的与视觉上的城市性格，彰显城市精神；宜人尺度原则——不能用虚张声势的形态抹杀人的比例，对人的速度和尺度的观照就是对自然本身的观照，使之成为与人类生活相关的艺术；绿色设计原则——一种以节约自然资源和保护生态环境为指导思想的新思路、新方法，通过设计使有限的资源实现其有生机、可分解、可再生的目的。人、艺术、自然共荣共生，生态和谐是基本要求。公共环境中系统化的公共艺术设计最终应实现形式风格、文化形态、实用功能与环境的有机整体性的融合。

（二）美的原则

公共艺术的艺术表达是在满足人们生理、行为、安全的需求之上，更加注重自我价值及尊严实现等高层次的精神需求。公共艺术设计主要是创造一种人为的空间实体形态，让人们在环境生活中获得全方位的满足。首先应在视觉上具有美感，因此美学原则是设计领域普遍遵循的基本规律，也就是必须符合形式美的基本法则。公共艺术是艺术范畴中的一部分，形式审美法则虽然不是绝对规律，但它具备了人类审美的共同要素，即通过点、线、面、体、色彩、肌理、质感、装饰等要素按一定的形式法则构成普适的艺术原理，是人们长年来对于自然与人为美感的实践，归纳总结的艺术手法与观念是公共艺术设计的基础。

1. 对比与统一

从对比中求统一，统一中求对比，对比统一高度结合，是公共艺术设计中最重要的基本准则。"对比"是指通过强调各形式要素之间不同因素的表现差异性。对比形式通过刺激人的感官使人感到兴奋，从而变现作品的生机与活力。体现形式如大小、高低、主次、简繁、冷暖、明暗、轻重、快慢等，公共艺术的设计及实践更注重大小、强弱、质感、色彩、几何形等的对比关系。

对比的本质是对矛盾的强化，与其相反的原则就是"统一"，即对矛盾的弱化，也就是调和。在设计领域中，统一就是调和视觉要素中的对比和矛盾。因此，为达到整体的设计效果，常常采用多种设计手法来追求并达到统一。如统一的结构、统一的色彩、统一的节点、统一的材质等。对比与统一是相辅相成的。对比可以使造型更加生动、个性更加鲜明；统一可以使造型柔和亲切。统一与对比是矛盾的两个方面，高度统一的设计会呈现基调与风格，但同时也会带来枯燥乏味、僵硬呆板的感觉。对比则会带来活泼生动的感觉，对比过度又会给人带来杂乱无章的感觉。总之，对比和统一是互为矛盾的一对法则，只有彼此达到平衡才能呈现既生动活泼又和谐调和的效果。

2. 对称与均衡

对称是指图形或物体相对的两边的各部分，在尺度、外形和序列上具有一一对应的关系。对称形式具有完整、单纯、稳重、舒适的视觉美感，在设计领域被广泛运用。均衡是指在布局方面的数量相等但形不相等的平衡。它具有两种平衡形式，即对称平衡与不对称平衡。对称与均衡是相互联系的两个方面。对称能产生均衡感，而均衡又包含着对称的因素。色、声线的对称，以及几种要素的均衡组合，是形式美中较为常见的现象。然而也有通过打破均衡、对称布局来显示其形式美的，但是较为少见。这是从美学角度对均衡的理解。

对称与均衡是公共艺术设计构图的基础，其作用是使公共艺术设计具有稳定性，对称与均衡会吸引人的注意力，使人的视线停留在布局的中心部位，它的安定感、统一感和静态感比较强，在设计中可用于加强重点、突出主体，给人以宁静庄重的感觉。对称与均衡不可一概而论，但两者具有内在同一性，即稳定感。稳定感是人类通过长期对自然的观察而形成的一种审美观念和视觉习惯。因此，只有具有稳定感的造型艺术才会产生美感，否则，会给人带来不舒服的感觉。对称与均衡都不等于平均，它是有逻辑基础的比例关系。平均虽然稳定，但缺少变化，没有变化就丧失了产生美感的基础，因此，构图最忌讳的就是进行平均分配。对称的稳定性很强，对称能让人感到庄重肃穆。我国古代建筑多采用对称手法，但其中均衡的变化占有更大的比例。因此，对称虽然是公共艺术设计构图中的重要原则，但实际应用并不多，否则会产生千篇一律的感觉。要注意聚与散、疏与密的变化，这是处理好均衡美的关键。

3. 节奏与韵律

节奏与韵律是自然界事物变化的规律与现象，与来自音乐的概念相似，也是对比与统一法则的一种艺术化处理手法。节奏的本质是以条理性的秩序为基础，通过连续重复地排列而形成的一种律动形式。节奏在公共艺术设计中通过色彩、线条、方向、形体等因素规律性的运动变化引起人的心理感受。它有等距离的连续，也有渐变、大小、明暗、长短、形状、高低等的排列构成，会使人产生某种类似音乐感受的美学体验。

在音乐方面，其本质是通过时间的间隔使声音的高低、强弱产生规律性的节奏，从而形成韵律。艺术设计领域的韵律，是各种造型元素按照一定规律的节奏变化而产生的，它会使人感受到秩序感的和谐和富有生命的律动感。不同造型元素产生韵律和节奏的过程和方法不同，带给人的感受也不尽相同。

如线条借助于规则排列和变化的方法产生韵律感。色彩借助于明度和纯度的变化的方法产生韵律感。韵律是艺术表现手法中有规律地重复、有组织地变化的一种现象，按照形式的不同可将其分为连续的韵律、渐变的韵律、起伏的韵律、交错的韵律等不同类型。不言而喻，韵律手法的共性是重复与变化，强调彼此呼应、相互关联。在设计中应通过不同造型元素的特质，去体验它们产生节奏和韵律感的依据，用艺术手法强化设计艺术感染力，并给人们带来视觉及心理的愉悦。

4.文化传承及批判原则

公共艺术是在现代城市生活形态和城市文化的基础上产生的，是城市生活理想和城市文化的集中体现。城市文化是在城市母体中产生的一种文化形态。文化是人类在打破了自身的自然属性的局限后，在发展中获得的认识积累和共同约定遵循的行为方式。在特定的条件下，文化会呈现出自身认同性及与其他文化之间的差异性，即文化具有综合性和复杂性的特点。文化包括某一地域或某一民族在发展过程中形成的知识体系、族群信仰、社会风俗、宗教体系、艺术文化、法律体系、社会道德与禁忌，以及对物质世界及生产造物技术的认识等内涵，还包括人在社会实践中积累的经验、获得的能力和约定俗成的习惯。它是人类在发展过程中创造的物质成果和精神成果的总和。公共艺术属于文化，是人类文化系统的重要组成部分。由于公共艺术具有公共性和城市文化属性，所有它必会受到社会文化的影响。一座城市在长期的社会生活中铸就了其独有的文化魂魄，形成了城市的性格，派生出一系列城市印象及记忆。城市公共艺术设计应与它们所在城市的性格及精神相符，这样才不会出现"千城一面"的格局。城市性格的多样性从逻辑上决定了城市公共艺术应是各具特色的，城市性格与其公共艺术之间存在着一脉相承的因果关系。

城市公共艺术设计的目的就是唤起人们对城市人文的记忆，拓展城市的精神与内涵。世界是多元化的，城市是多姿多彩的，城市公共艺术也因而是生动并具有内涵的，它们是生长出来的并只属于它们所在城市的艺术。谈及城市公共艺术的精神建构，这就需要从另一层面对设计师和艺术家提出要求，即设计师和艺术家要具有公共知识分子的文化觉悟和使命感。具体来讲，就是在公共空间展示自己的艺术作品时，要在生活经验、理想抱负和艺术创造力的基础上与自身所处社会进行真诚且具有建设性的对话。同时，要承担批判社会的责任，并反思自己所处的文化环境。公共艺术具有视觉美化和装饰环境的社会作用，还具有对社会进行反思、警示和批判的作用。

5. 公共人本原则

城市公共艺术设计的根本目的是通过提高公共场所的人文环境质量满足人们物质与精神上的需求，促进社会和谐交往。"以人为本"是城市公共艺术设计的核心理念。因此，城市公共艺术设计必须要在"以人为本"这一原则下进行。在进行城市公共艺术设计时要调查并分析社会公众的行为特征和需求，以求设计出高品质、多功能，同时具有人文色彩的城市公共空间。在城市建设中，公共艺术要承担提高现代人的生活品质和精神品质的任务，同时还应唤醒公民社会市民的荣誉感、责任心和凝聚力。

在城市公共空间艺术设计中体现出人性化的设计原则要从两方面出发，一方面是分析公众在公共空间中的行为特征，分析公众需求，恪守公共领域的道德。同时应创造符合人行为特征的多元化需求，分清主次，统筹安排。要充分考虑到分布在不同年龄层、从事不同行业、处在不同文化背景中群体的行为特点和需求，分析不同时节中公众的行为特点和公众在不同的公共空间进行活动的多样化特征。城市公共艺术是人们共享可达的，是人们日常生活的容器和社会交往的场所，通过良好的设计从而吸引公众积极热情地参与、沟通、互动，满足公众的不同需求，达到情感交流共享、赋予空间场以温度感及生命感的目的。

另一方面，充分考虑人的行为习惯、生理结构、心理状态、思维方式等因素，以"人机工学"为空间的基本尺度，通过模数化设计导入公共精神及艺术形态，创造具有亲和力与人情味的空间形象，为公众打造一个可感知、可识别、可认同的空间场所。在尺度设计上除特殊场所应避免虚张声势的大尺度外，还要弱化纪念性、对称、威仪、高大、庄严等以扼杀人的冷漠感，同时要特别强调为残障人士、老人、儿童等特殊群体进行的服务，考虑无障碍设计、通用设计，满足他们的特殊需求，从而体现社会对生命的尊重和文明高度。同时在设计材质、结构形态、色彩时，一定要重视安全性、舒适性及亲和感的充分体现，更好地诠释人性化的设计观念，营造出一个能够切实保障使用人群安全、便捷、舒适，并充满爱与关怀的现代生活环境。

6. 当代特征原则

自 21 世纪以来，随着经济水平和科学技术的快速发展以及互联网对传统行业的变革，一个全新的时代已经来临。在全球化进程中，不同国家和民族的文化都面临着人类面临的共同问题。在城市公共空间艺术设计中，各个国家和各个民族的设计师受到了自身所处的文化环境中表现出的鲜明的地域性特征的影响，他们也处在估计化进程的大环境中。因此，评价一个公共艺术作品的标准时，应评价其是否扎根于深厚的传统文化的土壤中，是否传递出了时代文化特征和设计者的艺术理念。

我国本土的设计师需要关注我国的历史和当今的社会现实。我国当代的公共空间艺术要表述我国的当代性、百年以来的变革和发展，并表述出传统与现代、世界与民族、全球化与本土性之间的碰撞和融合。因此，解决好我国传统文化与现代性及后现代性之间的问题是我国当代公共空间艺术设计需要重视的问题。我国的当代艺术与西方的当代艺术（后现代文化）有所不同，我国当代的社会状态是由前现代社会、现代社会和后现代社会三种社会状态共同组成的社会状态。同时，我国不断增长的经济发展水平和不断变化的社会形态也是当代艺术需要重视的社会与文化问题，如人性与价值问题、环境与生态问题、民族与地域问题、生存与权利问题等。

这些问题构成了中国公共艺术的当代性与文化特点。今天的公共艺术设计在文化观念与社会意识的导入上尤为重要，但是在现代材料介质、制作新技术与现代艺术思维及形式风格语言的层面上更应给予充分的关注。随着时代的发展，设计与科技进步并行，在探讨环境能源光、风、水、电、声等的利用时，在进行新材料的发明，以及涉及土壤结构、力学抗震等学科的研究时，设计师应充分运用、结合并做出探索。

二、城市公共艺术设计方法

设计方法是以一种全方位的思维方式，是系统科学地遵照设计原则指导下的手段及措施。从早期的以个体行为为主的盲目性、偶发性的直觉设计到师承为主导的经验设计，发展到了系统艺术审美、现代科技手段引领下的公共艺术设计，设计方法的内涵也在不断地丰富与延伸，形成了完善可行的设计体系。公共艺术设计作为一种创造性工作，永远没有一种恒定的方法。除遵循规律原则，以实现整体的计划目标外，对于不同的设计方向与定位也存在着不同的设计思维与方法。因此，怎样确定设计的思维起点是设计方法讨论的基本问题。

（一）从场地环境出发的方法

从场地需求出发确立公共艺术形态生成是设计师惯常采用的手段，首先通过实地调查获取一手资料与地理信息，可将其归纳为自然与人文两大类，前者包括地形、地质、植被、水体、建筑等环境因素。这些因素一方面为设计带来了局限性与制约性，另一方面也恰恰成了构思来源，并为设计提供了初始的依据，任何设计都是尊重现有的环境条件顺势而为的。从人文角度的需求来看，不同的人群具有不同的诉求。因此，设计须针对场地及周边人群加以分析，包括在物质上的实用功能，精神上的感知需求，以满足主体人群的利益。如艺术家克劳德在佛罗里达比斯开湾设计的大地艺术，以天地为展厅以天然泥石为材质，以人工之力筑起了造化般的奇景，与周边的自然环境融为一体，宛若天成。

（二）从艺术形态出发的方法

除了从具体的场地环境着手进行公共艺术设计，非理性因素或创造性直觉无疑是一种艺术的多元思维，它为设计提供了一种无限可能。诱发艺术形式创造的因素大到宇宙观，小到一叶一沙尘，既可以是可视的物相，也可能是无形的思想。各艺术门类建筑、雕塑、绘画、音乐等，在观念、风格手法等方面也会带给设计师多种启发与借鉴，并为公共艺术设计运用在设计中。艺术思维的灵感也可以直接从大自然中获取，从生态理念中提取相关设计形式语言，这已成为设计艺术思维的源泉。在具体的公共艺术设计手段中具体的方法大致有以下六种。

一是移位挪用，将原本属于特定文化空间的生活用品、器具、局部构造等元素直接搬移至公共场地进行装置展示。

二是异质同构，将不同材质、构造、功能及色彩在设计中进行组合，重新演绎诠释。

三是解构重组，是指把相关设计元素打散重构，着重强调艺术形式的语言处理。具有强烈的视觉冲击力，能产生神秘、变幻、迷离的视觉效果。

四是意象移情，该手法最具中国人文传统精神，近乎中国画对观念或物象的写意表达，追求精神与视觉呈现的高度契合，也是现代艺术设计的重要手段。

五是变异装置，将某些具有某种文化语境的实物元素用新的材料变异或放大，改造或重组。通过"场地＋材料＋情感"综合展示，在公共空间中使之产生新的文化意义与视觉张力。

六是虚实强弱，是设计之内外蕴含的余味，注重隐有形，出有限入无限，以虚的形态表达实的内容。虚构是艺术的成因，更是生活内在的真实，是艺术设计的至高境界。

一名公共艺术设计师在充分掌握运用不同艺术设计手法的同时，对设计主观因素要保持足够的尊重，以开放包容的态度运用灵感、偶发性、审美趣味、个性化、文化传统等多种形式生成因素，形成行之有效的设计方法。

（三）从主题精神出发的方法

把主题精神作为公共艺术设计的起点与追求，可避免空洞乏味的形式意趣，让作品形式更好地满足精神主题。在主题性场所中，主题精神要能与形式、风格、功能等诸多复杂因素相互适应，让场所独有的精神价值、本质特征更明确地呈现出来。从主题精神出发，设计师应充分研读地域文化，亲身体验场地，通过特定文化元素抽取符号系统，将其转换成与需求相适应的空间形式，而各种构成要素最终要围绕主题展开。对于公共艺术设计来讲，主题是场所精神的彰显，可用独到的形式唤起人们行为的介入，提升空间意义，并使其最终融入场地，归属于场地。美国总统山雕像依山就势雕刻出的总统巨型半身塑像已成为该地区的精神象征，是美国民主文化的标志。泰晤士河雕塑《涨潮》反映了全球暖化、海平面上升的严峻形势，表达了人们对全球变暖的反思。

第三节　城市公共空间设计的应用研究

一、城市街道空间设计

城市街道空间设计首先要满足城市交通的需求，恢复街道的城市生活功能，并对城市街道空间进行综合开发，凸显城市街道空间的特点和艺术效果，强化绿化在城市街道空间中的作用，重视夜景的设计。

城市街道空间承载着城市公共空间艺术设计中的城市轴线、活动路径和视线走廊，并构成了城市空间的基本框架。根据交通特征可将城市街道空间分为三类，一是车行为主导的线性街道空间；二是人车都主导的线性街道空间；三是人行为主导的线性街道空间。在进行城市街道空间设计时，应针对不同的街道空间特点设计不同的景观界面。这些不同的景观界面主要体现在建筑尺度、街道断面、种植设计、街道设施、两侧建筑的用地性质等方面。

（一）整体思路

对街道空间围合进行控制时主要应考虑街廓（或者称为街道的轮廓，指建筑外壳对于街道空间的围合）高宽比的影响。其中，"一次街廓"指以道路侧石线为起点和按特定的角度所确定的斜面，以及相应的高度限制所构成的建筑外壳；"二次街廓"指以道路中心线为起点和按特定角度所确定的斜面，以及相应的高度限制所构成的建筑外壳。

建筑物界面的设计是通过控制建筑顶部、建筑中部和建筑基座这三个建筑物立面的组成部分来实现的。

街道设施可分为功能性设施、信息性设施、休息性设施和观赏性设施四个类型。其中功能性设施是指电话亭、垃圾桶、路灯等设施，这些设施在设计时应做到等距离分布，以满足服务半径中的公众需求；信息性设施是指街区地图、路标指示牌等设施，这些设施应设置在路口等人流量大的位置；休息性设施是指座椅、避雨亭等设施，这些设施应设置在公众活动密集的位置；观赏性设施是指喷泉、雕塑、钟楼等设施，这些设施应设置在公共空间的节点处。

街道绿化通常包括绿化隔离带、休息绿化带和建筑退后带三种类型，设计时要根据具体的道路空间设计进行设计。

（二）车行为主导街道的城市设计

车行为主导的街道对建筑红线退后距离和绿化有所要求，但对街面连续性没有特殊要求。车行为主导的街道担负着城市客运交通和货运交通的任务，要求街道开阔宽敞，二次街廊的宽高比规划为 2∶1 左右。

其景观设计要考虑街道空间界面的顶部和建筑中部立面，顶部不可出现奇特的造型，中部界面要和相邻的建筑和谐统一。地面多设置连续绿化带，多种植乔木和灌木。

1.街道形式的考虑

车行为主导的街道的线型设计一般是直线。在采用曲线设计时通常采用曲线半径大，变化平缓不突兀的形式。因此，车行为主导的街道在线性设计方面没有鲜明特点。在街道空间的设计中，多采取措施以突出街道的形象性，弥补线性设计不鲜明的缺点。车行为主导的街道在设计时多使用局部空间方法、不等宽等方法或是会将广场、绿地纳入街道空间之中，使街道空间丰富多彩，增强街道的形象性。

2.建筑形式和设施景观的设计

车行为主导的街道在建筑形式设计中更注重建筑物的体量关系、外轮廓效果和可辨别性。建筑景观的设计既要体现出现代性，又要做到与整体环境的氛围相和谐统一。

车行为主导的街道的设施服务类型分为两种，一种是为机动车辆服务，另一种是为自行车和行人服务。

为机动车辆提供服务的设施包括路灯、交通信号灯、路标指示牌、道路隔离带、候车厅等服务设施。这些设施在设计时要精心设计，使其与街道环境和谐统一。交通标志的设计要突出标准化、形象化和直观性的特点，造型方面可以在具体的道路环境基础上进行个性化设计，以强调整体性。

为自行车和行人提供服务的设施除交通标志外，还包括导游图等引导性标牌。这些设施的设计既要独特、巧妙，又要与整体环境相协调。

3.街道绿化的设计

在街道的城市设计中，绿化具有改善生态环境的作用，同时也是街道景观的重要元素。

绿化有草坪、花坛、行道树等形式，这些形式可以单一使用，也可以组合使用。在设计时要立足于街道环境特点，以起到改变街道景观的作用。街道交叉口广场的绿化设计要强调构图，突出景观，同时还要设计交通标志对行人和车辆加以引导。

不同的气候区适宜栽种的绿化植物是不同的，在同一气候区中，不同绿化植物在不同季节会呈现出不同的景观效果，如春天的杏花、梨花，秋天的银杏等。车行为主导街道的绿化行道多栽种一两种常青树木。花坛和草坪需要根据植物在不同季节的景观效果进行精心的设计和组合，尽量使街道在不同的季节呈现出不同的景观。

4.街道广告与艺术品的设计

为避免影响建筑立面，破坏街道的整体设计效果，扰乱交通秩序，以车行为主导的街道的广告牌不应过大。

进行艺术品设计时可选择在街道交叉处设计雕塑，雕塑的色彩、质感要和背景形成对比。雕塑的体量要大，轮廓、线条变化要明显，使行人和车辆在快速经过雕塑时能产生视觉刺激，还可以在建筑物的外墙上添加一些壁画。

（三）人行为主导街道的城市设计

城市公共空间艺术设计要考虑到城市发展需要的景观轴线，这些景观轴线是指做为市民主要活动路径的城市街道。人车主导街道的二次街廓的宽高比约为2.5∶1，一次街廓的宽高比约为2∶1。人车为主导的街道设计要考虑行人的视线和行车视线。同时还需要考虑城市立面的所有三段界面——建筑顶部、建筑中部和基座的规划与设计。对街道家具进行设计时要考虑功能性家具、信息性家具、休息性家具和观赏性家具的特点和适用范围。

1.街道形式的设计

人车主导的街道设计往往将城市生活作为主体。因此，人车主导的街道要具有更强的场所感。街道空间形式的设计首先要满足公众的需求，并在街道功能特点的基础上对街道空间形式加以改变，拓展街道空间，形成"收、放"的韵律。在具体的设计中，需要设计绿化广场使街道空间景观更丰富多样。

2. 沿街建筑的设计

人车主导的街道建筑的设计要重点突出建筑的连续性、建筑物的体量变化、阴影关系和建筑的轮廓线。新建筑的体量不应太大，可通过突出沿街立面的竖向分割来减小体量。在建筑形式和建筑风格方面不应有太多限制。要精心设计临街建筑的底层部分，使其符合街道建筑整体风格，又要使其起到丰富街道视觉景观的作用。

3. 街道设施设计

为机动车行驶提供设施的设计与车行为主导的街道设计大体相同。设计时要分析车行主导街道的交通特点，在街道交叉处设置减速设施和减速提示牌，并增设隔离设施。同时要考虑残障人士的需求，为其设计自动停车设施和无障碍设置。

4. 街道绿化的设计

街道绿化设计不仅可以选择行道树，还可以在建筑后退、围合形成的街道绿地中选择花坛、草坪、灌木等其他形式的绿化设计。在绿化植物的选择上要考虑不同植物在不同季节呈现出来的景观效果。同时要在绿化设计中加入灯光设计，丰富城市夜景景观。

5. 街道广告及艺术品设计

人车主导的街道设计是和市民生活中最为接近的街道设计。在进行居住区和办公区的广告设计时要考虑保持原建筑的体量和风格，广告牌不应过大。商业区内可以多设置广告牌烘托商业街道的商业氛围。在进行广告设计时要充分使用现代化技术，设计风格多样的广告形式来适应不同风格的空间环境，使其呈现出不同的视觉效果。

艺术品的设计可以选择雕塑设计。雕塑的设计要选择适中的尺寸，既要设计精美，又要表达出文化内涵。

二、城市广场空间设计

根据城市广场的性质和功能的不同可以将其分为市政广场、纪念广场、文化广场、商业广场、游憩广场和集散广场等类型。还可以根据城市广场在城市空间结构中的位置将其分为城市中心广场、区域中心广场、社区广场。

（一）城市广场的景观设施

城市广场的景观设施设计要与广场的功能及广场周围的空间环境相契合，在满足公众的需求的同时建立起鲜明的广场形象。广场景观设施可分为硬质景观和软质景观，包括广场建筑、公共艺术品、水景、绿化、照明、铺装等。

广场和周围与其功能相关的公共性建筑是建立广场形象的主要元素，广场建筑形象要传达出广场的文化内涵，体现出广场的性质，建筑物的设计要和周围环境和谐统一。

公共艺术品包括雕塑、壁饰等，具有纪念性、主题性、标志性、游乐性、观赏性等功能。公共艺术品的设计要和广场整体环节和谐统一，既要突出个性特征和时代感，又要为其自身设计出舒适的观赏空间和观赏距离。

水景包括喷泉、水池、人造瀑布等设施。在集会功能不强的广场中适宜设置这些设施。这些设施借助于水的起落、动静，使广场空间气氛更加活跃，为广场空间增添连贯性和趣味性。设计水景时出于对其安全性的考虑要设计出防止跌落的设施。

绿化是广场景观的重要元素，包括树木、花坛和草坪等。对树木、花坛和草坪进行组合搭配并为其修剪造型，这样能够塑造出不同的景观形象。绿化植物的选择要考虑当地的气候和土壤，选择适宜的植物。

选择广场铺装面时要考虑铺装面的磨损性、防滑性、耐脏性、排水性等性能。在广场设计中，可以使用不同颜色、不同风格和不同材质的铺装面组装图案，这些图案不仅能起到装饰的作用，还可以起到向导的作用。不同的广场空间可以选择不同的铺装面来加以区别。

广场的照明设计应满足交通照明需求和行人照明需求，同时要起到美化城市夜景的作用。广场的照明设计要与广场的类型、风格、形状、规模及周边建筑和绿化和谐统一。照明设施的形式和数量的选择将是广场功能的依据。如位置低的路灯高度应在成年人眼睛高度之下，通常为 0.3 ～ 1.0 米的高度。这种照明设施一般设置在较为窄小的路径和墙角处。步行道路的照明设施高度一般为 1.0 ～ 4.0 米，其造型应和广场周围的照明设施有所区别，设计时要注意细节，以配合人在中、近视距的观感。广场照明设施的高度通常在 4.0 ～ 12.0 米，一般选择光源较强的灯具，设置时排列距离较远。在设计时，要考虑照明实施的光线的投射角度，以免造成光污染。

（二）城市文化广场设计思路

城市文化广场的位置选择要考虑公众的可到达性、广场自身的吸引力和周边的环境品质。但城市文化广场的数量、规格、地理位置会受到城市的性质和规划的影响。

1.赋予广场丰富的文化内涵

城市文化活动的中心是由城市文化广场和周边的建筑、街道和环境共同构成的。在设计城市文化广场时，要立足于广场周围的环境文化，重视城市文化广场的文化内涵，认真思考不同文化环境的独特性和差异性，以求设计出符合城市文化环境的文化广场。文化环境的表现形式是多种多样的。地方历史、地方文脉、地方神话、风土民情、民间艺术等都是文化环境在具体情况中的表现形式。设计师可以通过设计将这些表现形式表现出来，当然也可以表达自己的思想意图和艺术主张。

在我国，有很多在城市文化广场的设计中成功注入城市文化内涵的例子，如西安钟鼓楼广场。西安钟鼓楼广场的设计中保持了两座古楼原本的通视效果，使其形象得到突显，在空间设计上使用了绿化广场、下沉式广场、下沉式商业街、传统商业建筑、地下商城等多元化设计效果，使得空间设计独具个性，并提升了钟鼓楼的吸引力和包容性。同时，西安钟鼓楼广场的设计使钟鼓楼广场形成了一个以钟鼓楼广场为轴心，南临南大街、书院门、碑林，北接北院门、化觉寺、清真寺的步行系统，使钟鼓楼广场成了西安文化带的枢纽。并且，钟鼓楼广场的设计涵盖了大量的传统文化元素，公众在广场上活动时能感受到强烈的传统文化氛围。钟鼓楼广场的设计成功地表现了传统文化的内涵，同时又具有未来化的特征。

又如上海市图书馆主入口的文化广场，由于设计师在建筑平面设计时做了台阶式后退50m以上的设计，使文化广场的规模达到了小型城市广场的规模。为在文化广场的设计中传达出图书馆的文化内涵，设计师将"知识"作为主题设计了一个雕塑空间。广场之中柱子林立，西北方向的部分有光影变化效果，具有知识意义的雕塑形态各异，广场的铺装面精巧别致，坡道和人行道之间有台阶分隔。这个文化广场设计营造出了和谐典雅的文化氛围。

此外，"夜生活"也是城市文化的重要组成部分。在文化广场设计中加入夜间文化活动内容和灯光夜景是创造供公众交往的场所空间的重要手段之一。比如肇庆市中心的文化广场设计，广场中的灯光音乐喷泉设计和舞台设计相互配合，夜晚的灯光音乐喷泉表演和舞台节目相映成趣，极大地丰富了市民的夜间文化生活。

2. 营造活动与交往的场所空间

（1）注重与周围环境的和谐统一

通常情况下，城市文化广场多设计成开放式结构，广场周围的建筑就成了广场周围环境的重要组成因素。根据广场的性质和特点，保护富有历史意义的建筑，使用适当的方法对其进行处理，使其融入广场环境之中。

威尼斯的圣·马可广场是广场与建筑环境完美融合的典范形式。圣·马可广场周围建筑的建造时间不在同一时期，因此广场呈现出了不平衡、不对称的关系，但设计师将这些分属于不同历史时期、不同建筑风格的建筑巧妙地组合在一起，使整体环境呈现了一种出和谐统一的效果。

卢浮宫广场中心的玻璃金字塔是广场与建筑环境完美融合的又一典范形式。设计师在解决传统建筑的协调与统一问题时往往采用仿造传统的方式。但在卢浮宫广场中心的玻璃金字塔的设计中，设计师巧妙地设计了玻璃质地的金字塔。这座金字塔既使采光问题得到了解决，又完美地融入了卢浮宫原有的建筑之中。它像一颗钻石一样镶嵌在卢浮宫广场上，不但没有破坏卢浮宫的建筑艺术，反而为其增添了魅力。

（2）注重与街道的和谐统一

在形式和组成方面，城市文化广场和街道的联系十分紧密，它们的和谐统一是构成广场上环境质量的重要因素。在城市文化广场和街道的和谐统一设计中加入路灯、公告栏、广告牌等艺术设计，是协调绿化、铺面和照明等元素之间关系的有效手段。

3. 空间和比例的和谐统一

通常情况下，文化广场的比例是由广场的性质和规模决定的。广场一般会给人带来开阔的感觉，否则，广场将不具有吸引力。因此，城市文化广场的设计要满足这点要求。

设计时，广场的宽度一般在周围建筑高度的1倍至2倍之间。内部尺度设计要考虑台阶、栏杆、人行道宽度和停车位宽度，以能够满足人和交通工具的需求。广场的比例尺会受到建筑材料材质和结构的影响，设计时要尽量减小这方面的影响。

第八章 公共空间设计的未来发展

人的活动是空间产生的源泉，空间品质会对人产生影响，公共空间发展的动力主要来自人类自身的发展，人的因素构成了公共空间形成与演化的动力。在现代城市发展的过程中，人们会不断遇到新的城市问题，如人口向城市集中、资源匮乏、环境恶化、交通拥挤等，同时人们对公共空间也不断提出了新的要求，因此现代公共空间需要不断发展，以适应新的环境问题和城市要求。

第一节 艺术设计的未来发展

一、大工业社会与信息社会

中国当前正处于社会转型期，处于向未来社会过渡的阶段。对于未来社会人们抱有很多的认识和设想，目前，未来社会的可预见性特征已经初见端倪，社会各界对于未来社会比较一致的看法就是未来社会为信息社会，也可以称之为后工业化社会。众多学者对于未来社会的研究中比较有代表性的是美国知名学者迈克尔·G.泽伊对未来社会的观点，他将之称为大工业化社会，不管是以后工业社会还是大工业化社会为出发点，其都是着眼于当代工业社会的发展及硬件的发展，迈克尔·G.泽伊持认为当代工业社会经过不断发展后的形态之一就是未来社会。信息社会的提倡者认为，信息的数字化方式随着未来社会的发展将会成为一个典型特征，信息社会提倡者的着眼点是软件。无论如何，未来社会的变革将是巨大的，变革的速度将更为迅速。

迈克尔·G.泽伊主张的大工业社会，具有的社会特征是"大"，他认为不管是空间还是尺度，在未来都是巨大的。迈克尔·G.泽伊认为在当前大工业时代诸多领域已经开始进行革命了，如制造业、外层空间等。人类的革命即将开始，并且主要表现在六个方面，分别是空间、时间、数量、质量、尺度和规模，他们的时代特征如下所示。

①空间方面。是指探索和利用行星，人类逐渐开展对于外层空间的挑战工作，通过建立永久性空间站来使人类得以离开生存的星球进而向外层空间探索，这一点是大工业时代的主要标志。除了向天空发展外，亦向地下空间挖掘，如日本建造了深入地表下 30.48 米的一座由购物中心、写字楼、住宅楼和发电站组成的地下中枢。另外还有在物质内部空间方面的探索等。

②时间方面。是指人类通过未来医学、生物技术的不断研究与进步，在延长人寿命的同时设计生产超高速运输工具，现有的研究成果有超高速飞机、快速列车等，这些运输工具的进步将大大节省人在旅途中的时间。还有一些关于通信与机器人的研究，其随着设计功能的改变会变得更加强大，人们将可以享受到更多的闲暇时间。

③数量方面。是指随着大工业时代的发展人类社会将会消除物质匮乏的状况，人类可以通过各种先进的技术来获取食品、能源和用品。随着大规模生产方法的出现，大规模的制造业将成为可能，并还会有发电量高于当代的能源供应系统，人们可通过生物技术和遗传工程获得丰富的粮食和食物。

④质量方面。是指在大规模制造业方面，人们通过电脑控制和机器人技术可以生产出更加优质的产品。另外，材料科学方面的研究发展也会使产品质量得到提高，经过技术研究与革新，还会产生新型的"智能材料"。

⑤尺度方面。在大工业时代下，最令人惊奇的还是关于"尺度"的设想，摩天大楼将高达 210 层以上，建造的人工岛能够有效容纳上百万人，日本的公司设想建一个类似于富士山的火山形城市大楼，高达 762 米，可容纳 70 万人；美国的世界城市公司将建一艘可承载 5000 多名乘客的巡游艇。宏观的大尺度还包括人类准备将太空站建设成足球场大小，以及设想在月球和火星上建造一座太空城市。在微观方面表现为，在一些机器零件制造上，人们设想这些机器零件能够像原子和分子一样小。

⑥规模方面。在大工业时代下，不管是在生产规模方面还是在消费规模上，均会出现大幅度增长，其随着大工业时代的发展还会扩展到全球范围。

泽伊认为应当将物质产品的制造及具体工程的完成两方面的内容当作大工业时代的宗旨，大工业时代为产品带来了更高的质量，使生产和分配的规模不断扩大，还使人类的活动范围不断向内层和外层空间延伸，这些功能作用直接改善了人类的生活质量。设计的变革也是以上所述变革中重要的一环。可以肯定的是，在 21 世纪，美国、日本、西欧等发达国家，以高度发达的工业文明为依据，逐渐迈向了一个新的时代，是一个以新技术、新材料、新能源为主的时代，信息化作为新时代的显著标志，已然成了时代的潮流，在 21世纪前半期，信息化将会成为主导世界文明的主流。

　　将信息时代称为"数字化时代""比特时代",这一观点来自美国未来学家尼葛洛庞帝,他将社会的转变,也就是从工业社会向信息社会的转变,结合改革程度与趋势形容为了一种从原子到比特的转变和飞跃,并且认为这种"飞跃"呈现出了势不可挡、无法逆转的态势。"比特"是信息的最小单位,没有颜色、尺寸和重量,能以光速传播,是数字化计算中的基本粒子。利用光纤,现在能每秒传送1万亿比特的信息量,即传送100万个电视频道的节目,比原先的电线传送要快20万倍。这一切都为进入"数字化时代"提供了前提条件。未来学家尼葛洛庞帝预计到21世纪,通信工具可以小到如袖扣和耳环一样,能通过低轨道卫星互相通信,电话如一个训练有素的管家,可以接收、分拣甚至应答;大众传媒成为发送和接收个人化信息和娱乐的系统;医生可以通过电信和虚拟现实的技术实现远距离的精细手术;电视和广播信息都将采用非同步传输方式,人们可以随选信息。

　　数字化科学技术的发展将会改变一切、创造一切,当然艺术的表现形式也会受到影响,从而发生根本性的变化。当前艺术的表现方式已经更加生动和更具参与性,新时代将是一个可以通过截然不同的方式来进行传播和体验丰富的感官信号的时代。随着数字化科学技术的发展,互联网将会发展成为一个全球最大的美术馆,世界各地的艺术家都可以在其中展示自己的作品,互联网还是一个最佳工具,能够有效地、直接地将艺术作品传播给人们。德里克·德凯尔克霍弗在预测数字化技术的放射性效应时认为,联络技术的放射性效应正在使整个人类与地球变成一个统一的整体。无线电技术的放射性效应是电子神经系统进入人体,卫星技术的放射性效应是地球自我感知的扩展,将个人扩展到地球的尺度,将地球缩小到人类的尺度,地球就会成为人体的一部分。交互界面技术的放射性效应是使环境同我们的身体和思想相连,以至于我们可以"穿着"它。而虚拟技术将不断增加从现实到虚拟之间的物质与价值的再平衡。

　　设计的未来随着科技的发展而不断发展。在未来社会,设计仍然是一种中介和工具,可将科学技术与艺术相结合,并且走向人们的生活。21世纪以来,科技正在改变着人们的生活,表现为出现了一系列新产品、新服务,给人们的生活带来了极大的方便,诸如智能办公、智能家居等。智能家居意味着家庭自动化,微软总裁比尔·盖茨位于华盛顿州普吉湾的住宅,从浴缸到艺术品录像带都是全自动电子监控的,有独立的分网络,有各种为家庭服务的电脑程序。科学技术是设计发展的基础,它深刻地改变了传统设计的面貌,同时在一定意义上揭示出了未来设计发展的方向。

二、设计的未来性

通过本质看设计，设计是属于未来的，设计的本质属性之一就是未来性。通过对设计的了解与研究可以发现，设计是以现实基础为轴心的，是面向未来的设计。设计的本身是创造，也是创新的设计，设计还是一个问题的解决过程，包括了提出新问题、解决新问题，这里的"新"是指现在没有的、未来型的。

（一）设计未来性与未来设计特征

1. 前瞻性

由于设计具有前瞻性并且是面向未来的设计，因此可以说是前瞻性设计。可以将设计的前瞻性称为设计的未来性。对于事物的前瞻性来说，其必须是发展的、理想的，以及是新兴的、有生命力意义的，事物的前瞻性与人类的前进和发展相联系。

2. 适应性

面向未来的设计，可以说是对未来理想的适应性设计。可以将设计比作一种工具用于人类实现未来理想，设计正是一种对未来理想的适应，人通过设计来将理想的一种即将现实化形态表现出来，是人们对于未来理想的具体化、现实化。举例来进行简述，在汽车的设计制造领域，包含了概念车和未来型车，这就充分表现出人们对于未来理想车型所进行的探索和实践，将当前已有的设计作为立足点加之人们新的理想和愿望，通过对设计进行改进，使人们的未来理想能够实现。

3. 不确定性

设计是未来性的，但是在此之中还存在着不确定的未知因素。从产品的角度看未来性，表现为未来的形式，人们对于这种未来的形式正处于即将接受的状态，这种形式是否能够被人接受，是需要一个过程的。举例来讲，关于概念车和未来型车，在前期进行的登场亮相、宣传就是为使人们接受未来形式的预设过程，通过一种稳妥的方式倾听意见，逐渐引导更多的人接受预期，在这一过程中少数人的设计理想将潜移默化地转变为多数人的接受预期。

4. 本质性

从产品设计的角度看设计的未来性，其是具有本质性的，同是还与一定的层次性和阶段性交相呼应。设计的未来性在概念上，或是在理想上有广阔的空间，可以走得很远，但是在产品的设计上必须遵循"以人为本"的原则，由于对大多数人来说，在接受和认识新事物时都需要一个过程，那么就需要对大多数人接受新事物的可能性进行综合考量。以上未来性设计内容对于设计来说也是适用的，举例来进行说明，如汽车的设计，早期车辆的造型除了动力装置之外，还是沿用了当时社会人们更加习惯的马车造型，实行循序渐进的设计发展目标，其精心设计的家电产品从造型上看并不那么"前卫"，但与大多数人的接受预期靠近，与已有的产品形态靠近，从而深受市场欢迎，由此可见，实现设计的创新亦需要智慧和策略。

5. 延续性

由于形态存在的认同性会产生相应的习惯性，所以表现在设计的未来性上就是要在设计实践中经过不断积累渐变来实现转变，事物的新、旧形态之间必须要有延续性，当前这一方面的内容已经得到很多企业设计部门的重视，就有如飞利浦公司，其于 20 世纪 80 年代基于延续性提出了新的设计策略，就是将"产品革命"转变为"产品演变"。

6. 创造性

面向未来的设计不仅是创造性设计，还是一种完全新型的、新思路的设计。创造性设计表现在具体产品设计上，还存在着不同的层面和完成方式，不是设计的本质变了，只是换了一种策略，设计的本质还是未来性的、创造性的。

作为将已有产品设计与未来型设计连接起来的桥梁，面向未来的设计不仅是两种设计之间的过渡形态，还是适用于当代的一种创新性设计。但是未来型设计是人类出于实现理想而创造的一种实践形态，也就是人们对于未来社会进行的设计。未来型设计不一定是适用于当代的，这种设计带有实验性、前卫性和未来性。未来型设计可以说是人未来性思考、理想形成的具体化，充满着不确定因素，同时还具有探索性。

（二）设计未来性的意义

从产品设计的角度看未来型设计，通过未来型产品的设计，在对于未来社会的不断设想与设计过程中，可能会生成和设计出一种新的与未来社会相适应的存在方式和生活方式。对于未来型设计来说，方式的设计是其中最重要的因素之一。通过未来型设计可以得知人们对于单个产品更新变换的渴望，也就是所谓的对于未来社会形态新精神观念方面上的追求。设计主要是通过未来产品设计、环境设计两方面来渗透到社会精神层面的，还包括了生活方式、娱乐方式等领域，在这些广阔的空间中不断进行开拓，同时还存在着更多空间能够使设计本质力量得以充分发挥。

设计的未来在一定意义上可以说是人类的未来，设计作为一种人类走向未来的手段与工具，可以使人类能够更好地走向未来，以及实现未来理想。从宏观角度上讲，当前人类的发展已经步入了可持续发展的阶段，在这一阶段中，设计正是其中重要的一环。自人类诞生以来，人类就一直围绕着生存与生活而不断努力，随着人类文明的发展，人类的梦想逐渐从简单地为了生存转变为如何更好地生活，设计实际上就生成于这一层面之中。当然，关于可持续发展中的"生活质量"这一问题包含着众多方面，而设计作为一种工具与手段，在满足提升"生活质量"的需要时发挥了巨大的作用。

著名哲学家海因里希·奥特对于"人类的共同遗产"做出了解释，人类共同遗产的范畴，放在第一位的就是文化和生产方式的多样性，同时还包括了自然的多样性及物种的多样性，只有人类的共同遗产才能够为人类个体生活提供丰富性。这样看来，所谓"人类的共同遗产"，即人类所面对的、现在的、未来的，从自然到文化和生活方式的多样性，多样性即丰富性。在现代技术条件下，技术的相似性或共同性在商业的竞争中往往会导致某种单一的或一些"物的霸权"。当然，这种单一不是技术发展的结果，而是技术发展过程中的产物，技术既能导致单一性也能导致多样性。我们所说的艺术设计，在这方面实际上是执行多样性、实现多样性的工具和法宝。它将使单一的技术通过艺术设计的方式创造出同一技术条件下的多样性形式和方式来。

因此，人类对设计的选择实际上是对多样性的选择。设计创造着多样性、生成着丰富性，这对于面向未来的设计而言，更是其根本任务。

三、人性化的设计

从设计的出发点与根本点可以得知，设计是人的设计，可以通过设计来创造完美的人性化世界。但是在当前设计发展的过程中，"以人为本"的设计目的并没有得到较好的应用，其还具有理论和理想的色彩。人们通常只会将设计视为市场竞争的工具，以及在推销产品时所使用的手段，这时设计的目的是产品而不是人，由于设计的根本目的没有得到广泛关注，所以对于设计的未来发展，还需要努力实现"以人为本"的设计，也就是人性化的设计。

在设计方面关于设计的出发点普遍存在着是为了市场竞争而设计，为了获取利润而设计的说法，这时的设计走向了设计原初目的反面。和平奖获得者维塞尔指出："人类的特性不仅在于他渴望真理，还在于他有互助心和责任感"，这一点可以说是人类特征的集中体现，可以从设计尤其是艺术设计上充分体现出来，一方面，设计能够体现出人类特有的互助心和责任感。另一方面，设计行为从本质上说就是一种社会化行为，设计师的设计是为了他人、为了众人而进行的，这时的设计就体现了人类共同的愿望。正因为设计是一种社会行动，所以设计必然地需要对社会、对他人负责，这种责任在某种程度上是强于一般层面上的责任的，若是设计师设计的产品是通过大批量社会化生产的，那么这种设计产品就会大量地进入社会，渗透进人们的生活，由此可以想象，设计师的责任不仅是社会性的还是巨大的。

人性化的设计充分体现了设计的价值。若是产品设计只单单用于市场竞争，这时设计产生的价值就仅限于"物"，是不完整的。为了盈利进行的设计可能在华美外在上胜于以人为本的设计，从而赢得了市场和消费者的喜爱，但却忽视了产品真正的使用价值，以盈利为目的的设计产品随着时代的发展可能会在美的形式上逐渐演变成一种庸俗低级的美，最终降低了消费者的审美趣味。从以上叙述的内容看，设计具有较强的道德价值。设计是为人服务的，设计师必须拥有高尚的品德，人性化的设计思想是其中最重要的一部分。

第二节 公共空间的发展趋势

一、公共空间的大众化

城市公共空间设计始终应该坚持的原则是"以人为本"。处于不同的社会阶段，相应的人的主体是不一样的，若是处于等级社会之中，那么整个城市的公共空间也是具有等级秩序的。

在当代，城市公共空间对于人文精神有了新的诠释，表现在对普通人生活状况的关注之上，随着以表达权利和中心为立足点的象征性空间在城市空间设计中重要性的逐渐减弱，在当代以表达世俗生活为中心的城市公共空间正成为当前城市设计的主流。以下将叙述一下当代城市公共空间在大众化方面的主要表现。

通过对人的社会交往、心理感受，以及人与空间的关系三个方面进行深入的研究，来加强使用者对城市公共空间的认可，同时还能够促进使用者对公共空间的使用。现代学科的介入，包括环境心理学、文化人类学等学科的发展，使人们对于自身、社会、空间均产生了许多新的认识和发现。现代学科还影响着城市公共空间的发展，具体表现如下所示。

①冲破了城市公共空间功能分区概念的束缚，对城市功能提倡混合化、丰富化。

②通过对于个人的经验、感受、认知的关注，还包括对于小尺度和生活要素的重视，来消除人与环境的距离感。

③城市空间设计要素的提取，是以重视传统、重视历史作为立足点，从人们的记忆中进行提取。城市公共空间重视社会交往作用的同时，还会对步行城市公共空间的建设进行强调。

二、公共空间的生态化

（一）公共空间生态化、绿色化

在诸多因素的影响下，如交通拥挤、人口膨胀等，城市环境质量下降的同时，一些生态环境问题也随之产生。在当代，人们的环境意识正在不断的增强，人们更加憧憬"绿色"的城市，这也就导致城市公共空间朝着生态化、绿色化方向发展，并且成了发展的必然趋势。

环境建设不仅应该依据地方特色，还需要结合当地气候、材料与能源，要注意保护生态环境。通过以下内容来表述一下城市公共空间生态化方面的意义。

①城市公共空间中生态环境和形态环境的改善主要是在城市公共空间的建设实践中进行的，可以通过对自然环境加以利用的方式，还可以通过在城市公共空间实践中引用自然景观要素的方式进行。

②城市公共空间不管是在建设过程中，还是在使用过程中均会产生能源消耗，可以通过技术手段在城市公共空间建设实践中降低能源消耗，保护生态环境。

以上所述的两种方法通常是同时使用的。

（二）公共空间网络化、系统化

城市公共空间生态化还存在着另外一个发展趋势，主要表现在城市绿化上，随着城市公共空间的发展，城市绿化也是不断发展的，呈现的趋势是更加网络化、系统化，具体表现如下所示。

①将城市绿化与城市公共空间两者进行结合，通过多元化方式展现于城市中，作为公共空间生态化的一种趋势变化，这能够有效提高城市绿色的生态效能，还能够将城市的公共空间及自然保护两者结合起来，从而优化城市景观格局。

②关于城市公共空间的形态环境设计，其可以将自身规律作为立足点，对自然特点加以强调，并且将人造自然景观和天然景观两者之间进行连接，使他们两者能够产生良性的互动。

③将城市空间中的自然景观包括河流、森林、湖泊等，与其他孤立的生态系统进行连接，进而形成一种绿色网络。城市公共空间经过发展后就会形成一种网络多元化的生态空间，不仅仅只是人类的公园，更是诸多动物，如昆虫、鸟类等在进行自由迁移时的绿色回廊。

三、公共空间的立体化

因地制宜地发展立体化城市公共空间是城市发展的必然趋势。因为它已经被证明是克服交通矛盾、提高土地使用率、解决人车分流、改善城市环境的一种有效途径。立体化开发意味着在水平和垂直两个方向上发展。在垂直方向上的发展又包括高空和地下空间两个方面。国外又将空间立体化发展称为三维化发展。

现代技术革命的发展使城市公共空间立体化发展有了成为现实的可能，城市公共空间方面立体化难以实现的根本原因是其受到了社会经济发展水平的限制。在 20 世纪的 50 ~ 60 年代，西方发达国家相继在城市中心区进行再开发，采用的指导思想就是以城市公共空间为中心进行立体化发展设计，并且还将城市公共空间、立体化发展作为开发了过程中的指导思想，主要对于城市中心，如商业区、广场等进行了立体化新建与改造，随后在其他各种综合性公共建筑中也逐渐出现了立体化公共空间，并且形成了网络。我国对于城市立体化空间的建设有很多，如上海的人民广场，其就是通过地铁站的方式将各个建筑连接了起来。

立体化的城市公共空间迅速改变了城市公共空间的特征，城市公共空间从平面网络转向了多层次的立体网络。与此同时，立体化给创造城市公共空间带来了新的挑战，今天的城市公共空间需要更多地与现代城市交通相结合，也为城市公共空间形态环境的发展提供了新的机遇。

第三节　公共空间设计的发展趋势

一、当代空间设计形式与风格发展趋势

将地域性因素加以提炼而形成设计元素及符号，再运用到设计空间中即形成了当代空间设计新的发展趋势。可提取的地域性因素包括当地具有特征的自然山水、季节气候、人文建筑、民俗艺术、用材习惯、风土人情与文化、历史遗风及生活方式等。

（一）形式与风格特征

1. 强调地方特色和民族化

地域化空间设计是一种强调地方特色、民族化、民俗风格和乡土味的设计创作。它是在空间设计中运用地方特色和民族化的元素，运用传统美学法则同时结合现代设计形式及现代材料与结构的空间造型，产生出规整、端庄、典雅、高贵感的一种空间设计。反映了世界进入后工业化时代的现代人的怀旧情绪和传统观念，使得设计师们纷纷到历史中去寻找灵感。

2. 现代材料、技术与传统概念结合

用现代材料和加工技术去追求传统样式的概念特征，同时室内设备是现代化的，保证了功能使用上的舒适。由于各个地方风格样式丰富多彩，因此该流派没有严格的、一成不变的规则和确定的设计模式。设计时发挥的自由度较大，以反映某个地区的风格样式及艺术特色为要旨。

3. 地方材料、做法与乡土概念结合

注意空间设计与当地风土环境的融合，从传统的建筑空间中吸收营养。设计中尽量使用地方材料、做法，表现出因地制宜的设计特色，以使其具有浓郁的乡土风味。用简化的手法设计历史样式，进行造型设计时不是进行仿古、复古，而是追求神似。

4. 用陈设艺术品来增强历史文脉

室内陈设艺术品强调地方特色和民俗特色，强调用室内陈设艺术品来增强历史文脉特色。新地方主义派的作品由于强调了因地制宜的设计原则，且造价不高，空间艺术效果别具一格，受到了人们的欢迎。

（二）形式与风格的代表作品

苏州博物馆新馆建于 2006 年，是典型的地域性空间设计代表作品，由华裔设计师贝聿铭设计。贝聿铭针对苏州博物馆新馆地域特色提出了关于苏州博物馆新馆的设计原则，分别是"中而新、苏而新及修旧如旧"，还有"不高不大不突出"。从整体布局的角度看苏州博物馆新馆，其在设计上巧妙地借助水面，将新馆紧邻的拙政园和忠王府进行了融会贯通，并且将拙政园和忠王府作为了苏州博物馆新馆设计风格上的延伸，由于苏州博物馆中不仅包含了现代化馆舍建筑，还包括了古建筑与创新山水园林，这三方面的结合正是"三位于一体"，使苏州博物馆真正成为一座综合性博物馆。

苏州博物馆新馆的设计在建筑空间上主要是利用三角形来表现建筑造型

元素和结构特征的，并且将这一元素应用到了诸多细节之中。传统的坡顶飞檐角演变成了一种新的几何效果。在苏州博物馆中的中央大厅和许多展厅设计上，构成屋顶框架线的正是大小正方形和三角形，其通过精细的设计与排列形成了错落有致的江南斜坡屋顶，充分展现了苏州建筑地域特色。

在苏州博物馆，位于中央大厅北部的主庭院是一座在古典园林元素基础上精心打造出的创意山水园，透过大堂玻璃，游客可以欣赏到江南独特的景色，并且该庭院是紧邻拙政园的，新、旧园景交相呼应，融为一体。在庭院还设有铺设鹅卵石的池塘、竹林等，既做到了不同于传统苏州园林，又能够不失中国人文气息和神韵。

二、生态化空间设计形式与风格

（一）形式与风格概念

随着时代的发展，人类的生产力不仅得到了迅猛发展，还取得了巨大成绩，但是随之而来的是一系列的问题，包括了资源枯竭、环境污染等，这些问题带来的影响日益加剧，人类不得不对此现象进行反思和总结。大自然是不能被随意征服和改造的，大自然有着自身的循环发展规律，为了人类社会能够实现可持续发展，必须要处理好社会发展与大自然之间的关系。

"可持续发展"的概念是于 1987 年由联合国世界环境发展委员会首先提出的，同时还制定了"既满足当代人需要，又不对后代人满足其需要的能力构成危害的发展"的原则。

1869 年，德国学者海格尔提出了生态学，认为生态学是一门研究有机体与环境两者之间存在关系的科学。20 世纪 60 年代以来，生态学开始迅速发展，并且经过与其他学科的相互渗透，发展成了多种边缘学科。80 年代末形成了一股国际生态化设计潮流，简称 3R 设计，即减量化、再利用和再循环。其概念是：设计要与生态过程相协调，尽量做到对环境产生破坏的影响达到最小值。

生态学要求注意维护生态平衡。生态设计选择资源循环运行的生产模式时，可以通过一些方法来延长产品的使用周期，并且提高重复使用率，提高资源利用率。

生态学概念体现于空间规划和建筑空间领域，将之称为生态化建筑空间设计。这种设计通过生态学中的共生原则及再生原则，针对人居环境进行研究与实践，目标是使营造出的人居环境能够结合自然并且具有良好的生态循环。当前知名的生态化建筑空间设计有瑞典的"生态循环城"计划，日本的

"大生态回廊都市构想"等。生态建筑是 21 世纪建筑设计发展的方向。空间设计代表人物有意大利建筑师保罗·波多盖希等，这些代表人物都更加关注自然形态对人们潜意识产生的影响，还关注人造环境与自然形态两方面在形式上表现出来的相似性。

（二）形式与风格特征

1. 与自然环境的结合和协作

生态化建筑设计是一种由生态伦理观、生态美学观共同驾取的城市建筑发展观。其原则是注重与自然环境的结合和协作，使人的行为与自然环境的发展取得同等地位。

2. 因地制宜利用自然资源

要善于因地制宜、高效地利用自然资源，减少人工层次，更加注重自然环境设计，注重生态建筑的地方性，以自然生态原则为依据，探索人、建筑、自然三者之间的关系。既要为人创造一个温度适宜、湿度适宜，有清洁的空气，好的光环境、声环境及灵活舒适的空间小环境，同时又要保护好周围的大环境——自然环境。

3. 创造自然与文化的融合

要创造自然与文化，美的形式与生态功能的真正全面的融合，设计师在环境空间生态设计中可用多种形式来设计生物的多样性，让自然元素和自然过程接近人们的生活，使人们生产、生活、自然和建筑的平衡发展达到天人合一的完美境界。

（三）生态化空间设计代表作品

伊甸园全球植物展览馆的设计负责单位是格雷·姆肖建筑设计事务所。一连串晶莹剔透的玻璃穹隆是依据地形进行自由排布的，设计师格雷·姆肖将这一设计称为生物穹隆的玻璃体，伊甸园全球植物展览馆的形态是自然而又充满动感的，这种形态通过联想可以与很多生物形态联系起来。伊甸园全球植物展览馆的形态设计元素是依据能源消耗和生态环境可持续循环而提取出来的。

伊甸园全球植物展览馆由七个气泡构成，有相连状态的，有分开状态的，还有散落在山谷之间的。通过清晰的气泡相连，进而形成了一组建筑空间，由三部分构成：其一是雨林生物群空间；其二是地中海生物群空间；其三是室外生物群空间。伊甸园全球植物展览馆各馆内部不仅有植物，还放养了一些动物，如与各生态区环境相适应的鸟类、昆虫等，目的是控制生态。由建筑师与园艺造景师们基于因地制宜的原则，利用凹凸不平的地表，设计出了一些自然景观，如热带住屋、农田等，人们在此间仿佛身临其境。建筑师与园艺造景师们还通过就地取材，重视建筑空间的生态型，将陶土矿的废弃物进行改良，使之能够成为适合植物生长的土壤。温室的主要能量来源是太阳，同时能量板在夜晚可以释放热量以保持室内温度。

伊甸园全球植物展览馆在整个园区之中形成了一个内部循环系统，既可以进行垃圾处理，还可以进行有机蔬果种植等，充分表现出了伊甸园项目设计的杰出理念，其在生态、环保方面的理念尤为明显。伊甸园真正做到了"变废为宝"，并且实现了对周边环境的零排放。在伊甸园内使用的办公桌等均来自废物循环制造而成的产品，商店中的商品也多是由外界回收来的废物改造而成的。

综上所述，伊甸园对于生态环保理念的运用是值得肯定的，其真正做到了节能环保。

三、高技化空间设计形式与风格

（一）形式与风格的概念

高技化风格主要源于机器美学，反映了在20世纪二三十年代以机器为代表的技术特点。时至20世纪50年代，混凝土结构已经难以满足英国等发达国家建造超高层大楼的需要，于是其便开始了钢结构的使用，并且通过采用大量玻璃来减轻荷载。20世纪70年代，由于工业社会急速发展，涌现出了一批新材料、新技术。随后设计师将航天材料和技术渗透于建筑技术，通过将新材料如金属结构、铝材等与一些新技术结合起来，形成了一种新的建筑结构元素和一种新的视觉元素，并经过不断实践正朝着成熟的建筑设计语言发展，由于这种建筑设计技术含量高，因此被称为"高技派"。多年以来围绕着节能和减少污染为立足点的生态观念一直是社会各界不断探讨的议题。随着高技派建筑的不断发展，在生态观念的影响下，其对技术形象的重视逐渐转变为了对地区文化、历史环境以及生态平衡的重视。

（二）形式与风格的特征

1. 强调工业时代材料特征

高技化空间设计主张通过最新的工业时代材料来装配建筑。例如，通过将高强钢、硬铝等新兴材料与各种化学制品结合，制造出一种体量轻、用料少的建筑空间等。

2. 强调结构形态的美学价值

高技化空间设计注重形态各异的技术结构体系，通过将新技术和对比、类推等结构形式相结合来构成空间，如霍普金斯的帐篷结构等。在这些空间设计中将现代主义设计包含的技术因素加以提炼，经过夸张处理，进而形成一种符号效果，赋予工业结构一种新的美学价值和意义，对于工业构造、机械部件同样也是如此。

3. 强调夸张、暴露的造型手法

高技化空间设计强调新技术与艺术性结合，对于空间形象通常以夸张、暴露的手法进行塑造，强调建筑外部与内部空间诸多设计工艺技术与时代感的表现。高技化空间设计还会通过涂上鲜艳的色彩的方式来表现出高科技时代的"机械美、时代美、精确美"。

4. 灵活地装拆与改建空间

擅长通过合理性的技术和灵活的装配拆卸与改建结构和房屋。

（三）形式与风格的代表作品

1. 瑞士再保险大厦

瑞士再保险大厦由诺曼·福斯特设计。诺曼·福斯特生于 1935 年，在曼彻斯特大学学习建筑学和城市规划。1961 年毕业后获奖学金去耶鲁大学学习，取得硕士学位，1963 年开设自己的事务所。1983 年获得皇家金质奖章，1990 年被女王封为爵士。1994 年获美国建筑师学会金质奖章，并获得 190 余项评奖，赢得 50 个国内及国际设计竞赛。1999 年荣获第 21 届普利兹克建筑大奖。诺曼·福斯特被誉为"高技派"的代表人物。代表作品有瑞士再保险大厦、香港汇丰银行总部大楼、德国法兰克福的商业银行大楼。

瑞士再保险大厦位于伦敦圣玛丽斧街 30 号，于 2004 年落成，整个建筑共有 42 层，高度 179 米，总建筑面积为 76400 平方米，可容纳 4000 员工办公。建筑首两层为商场，首层设有三个大堂及延续到室外的 200 平方米的公众广场和花园，2 ～ 15 层属于瑞士再保险公司自用，16 ～ 34 层供对外出租。大厦最顶的 38 ～ 40 层是 360 度的旋转餐厅和娱乐俱乐部。每层面积随曲线形状不断变化，从 625 平方米至 1805 平方米不等。整个建筑配有 16 部客梯、2 部货梯和 2 部消防梯。这座大厦的设计借助了航空业设计软件，打破了传统办公建筑设计的"火柴盒"式结构，外形符合空气动力学，减少了摩天楼带来的风洞效应。它圆弧形的设计使底部和顶部渐渐收紧形成曲面，没有外墙与屋顶的区分，而是通过三角形、菱形的钢骨架巧妙地编织成了一个空间形体。特殊的形状和光滑的外墙材料使得建筑四周局部风压变化均匀，也促进了外表面周围的空气流通，而螺旋上升式的连续中庭有效地捕捉自然对流，使得室内大量采用自然通风换气，从而大大降低了空调费用，有效提高了室内空间的环境质量。仅自然通风和自然采光两项就比传统建筑节约能源 50%。建筑外墙还大量采用透明光学玻璃，减少了反射玻璃的使用，最大程度地抑制了对周围环境的光污染。且在不同方向开了 6 个采光井，使之最大限度地利用自然光线。双层玻璃幕墙之间的空腔可以预冷预热空气，同时空腔中设置的电动感应百叶可以随季节需要调节角度，吸收或反射阳光可以有效降低采暖或制冷所耗能源。每层分设空调机房可以按需调整控制机械通风量，比传统的中央机房具有更大的灵活性，能有效地节约能源。

2. 中国国家游泳中心

中国国家游泳中心，又称"水立方"，其设计方案是 2004 年～ 2008 年经全球设计竞赛产生的方案。该方案由中国建筑工程总公司、澳大利亚 PTW 建筑师事务所、ARUP 澳大利亚有限公司联合设计。设计体现出了水立方的设计理念，融建筑设计与结构设计于一体。国家游泳中心拥有 4000 个永久座席，2000 个可拆除座椅，11000 个临时座椅，建筑面积达 79532 平方米。"水立方"建筑造型的结构体系是基于三维空间的分割模型，此结构模型在自然界中普遍存在，如细胞组织单元的基本排列形式、水晶的矿物机构，以及肥皂沫的天然构造。水在泡沫形态下的微观分子结构经过数学理论的推演，同时由设计师将水泡的结构放大到建筑结构的尺度，而形成了"水立方"建筑造型。这种独特的结构设计使得"水立方"几乎经得起任何地震的袭击。这个湛蓝色的水分子建筑与基地东面"阳刚"的国家体育场"鸟巢"一起体现了中国建筑"天圆地方"的理念。这两个建筑一圆一方，一个阳刚，一个阴柔，在视觉上极具冲击力。

"水立方"是高科技节能环保型的建筑，其墙体和屋顶为新型多面体钢架结构，外墙和里层由 3000 多个大小不一、形状各异的 ETFE 膜结构"气枕"组成，最大一个达到 9 平方米多，最小的一个不足 1 平方米，总面积达 10 万平方米。这种设计不仅使得屋顶和外墙的重量有所降低，还充分体现了绿色和科技的主题。"水立方"气枕的外层膜上都键着密度不等的小镀点，这些分布在 ETFE 膜上的上亿个镀点可以改变光线的方向，把刺眼的光线和多余的热量挡在场馆之外，起到隔热散光、控制膜的透光度的效果。ETFE 膜结构已有十几年的应用历史，这种材料耐腐蚀性、保温性俱佳，自清洁能力强。由于这种膜材具有的卓越性能，它几乎能适应一切从开放式、半开放式到完全封闭的、需要"透明"的场合。游泳池内的水将由太阳能加热,泳池的双重过滤装置可实现水的再利用,就连多余的雨水也将被收集和储存在地下的水池中。2008 年奥运会赛后,国家游泳中心将被改造成为"以水为特色,以体为本体",以"运动培训、文化娱乐、健身休闲"为一体的多功能国际化时尚中心。

3.美国自然历史博物馆

美国自然历史博物馆内的罗斯太空中心由波尔舍克事务所设计,2001 年2 月对公众开放。罗斯太空中心是目前世界上最大的宇宙教育和科研场所,占地面积约 3 万平方米。该博物馆的收藏与研究主题为"人类与自然的对话",致力于探索人类文化、自然世界与天体宇宙。集中了人类所掌握的所有关于宇宙起源进化、大小和年纪的知识和实物标本。罗斯太空中心有最先进的文化设施,不仅能把宇宙的发展过程逼真地再现出来,还能即时展现正在太空飞行的太空梭和卫星看到的最新情况。

该馆的建筑师唐姆斯·斯图尔特·波尔舍克的设计构想为"宇宙大教堂"。他把一个金属球放在六层楼高,由透明的玻璃体构成的立方体建筑中央,265m 直径的铝质球体在灯光照耀下仿佛在太空中飘逸、悬浮。这个"海登天体运转模型"是一个天文学的典型标志,放映 360°宇宙剧场,立方体玻璃帷幕墙由晶莹剔透、铁质含量很低的玻璃所制成,整个建筑表现出了高科技的建筑材料与结构体系。空间的安排与设计配合博物馆展示主题,大小球体的设置象征星球,说明着宇宙的形成与相互关系。动线规划与展示主题密切配合,参观该中心有如漫步于太空中。在这里,重力仿佛消失了,人们提前亲身体验着在未来太空漫步的新奇与神秘,访客在空间中探索、经历宇宙的奥妙与惊奇,有如朝圣者走进中世纪大教堂中所感受到的震撼与敬畏。随着对未来宇宙太空探索的不断深化,建筑师也在思考具有浓重的未来太空科幻氛围,适应未来太空生存需要的建筑形态。

四、新现代主义空间设计形式与风格

(一)形式与风格的概念

从 20 世纪中期开始,现代主义建筑给城市带来了许多新的问题,主要表现为排斥传统、民族性、地域性和个性的国际式风格。它的千篇一律造成的单调的方盒子外貌引起了人们的不满。随着战后标新立异的消费主义的抬头及人们对文化多元倾向的追求,人们也开始对建筑进行多元化探索。20 世纪末以来,世界建筑空间设计呈现出了多元化的局面,经过后现代主义的冲击，现代主义仍坚持理性和功能化，并逐步完善形成了新现代主义。新现代主义继续发扬现代主义理性、功能的本质精神，但却又对其冷漠单调的形象进行不断的修正和改良，于是新现代主义脱离了早期现代主义对于装饰排斥、极端做法的樊笼，对于装饰进行肯定，并走向了具有多风格、多元化特点的新阶段，科技的不断发展对装饰语言产生的影响表现在设计师对于新材料的进一步关注，在特质表现和技术构造细节上，设计师更加注重人文环境和生态环境的关系。主张建筑应包含自然生态环境，强调建筑空间与人和自然的和谐关系。

（二）形式与风格的特征

①贝聿铭、西萨·佩里、保罗·鲁道夫、爱德华·巴恩斯等"新现代主义"设计师们一方面继续采用现代主义简单、明确、功能主义的方式进行设计，同时也进行了各种不同的个人诠释。

②现代主义一直强调功能、结构和形式的完整性，极端排斥装饰，而新现代主义肯定装饰的、多风格的、多元化的设计。

③在装饰语言方面，现代主义更加关注新材料的特质表现及技术构造细节。

④现代主义更强调作品与环境的关系，环境主要是人文环境和生态环境。注重地域民族的内在传统精神的表达。

（三）形式与风格的代表作品

1. 中国国家大剧院

中国国家大剧院由保罗·安德鲁设计，保罗·安德鲁于 1938 年生于法国，1961 年毕业于法国高等工科学校，1963 年，保罗·安德鲁毕业于法国道桥学院，1968 年，保罗·安德鲁毕业于巴黎美术学院。在保罗·安德鲁 29 岁的时候，其设计了知名的巴黎戴高乐机场候机楼。保罗·安德鲁而立之年后一直在巴黎机场工作，作为巴黎机场公司的首席建筑师，由他设计的机场有 50 余座，设计的足迹更是遍布世界，尼斯，雅加达、开罗、上海等国际机场均是由保罗·安德鲁设计的，他参与过许多大型项目的建设，像巴黎拉德芳斯地区的大拱门、英法跨海隧道的法方终点站等。他在中国的几个建筑作品是：国家大剧院、上海东方艺术中心、广州新体育馆、上海新浦东机场、三亚机场、成都市新政府中心等。

国家大剧院位于北京人民大会堂西侧，总建筑面积达 149520 平方米，总投资额为 2688 亿人民币。建筑外部围护钢结构壳体呈半椭球形，扣在方形的水面上，表现出了"天圆地方"的概念。其平面投影东西方向长轴长度为21220米，南北方向短轴长度为14364米，高4668米，比人民大会堂略低3.32米。但其实际高度要比人民大会堂高很多，因为其60%的建筑在地下，地下的高度有10层楼那么高。安德鲁认为这个建筑跟周围很多环境能够很好地结合，在跟人民大会堂配合的问题上，两者"正在创造连续和分裂，但不会引起冲突"，一个时代有一个时代的建筑，如果一个城市永远按过去的样子故步自封，就看不到前途了。国家大剧院建筑的内外空间是一层一层套在一起的，形成了协调而整体的空间。大剧院内部主体建筑由2416个座席的歌剧院、2017个座席的音乐厅、1040个座席的戏剧院、556个座席的小剧场、公共大厅及配套用房组成。

公共活动空间像个城市，有许多街区可以游览散步，还有展览厅、文化商场、咖啡厅设施。安德鲁说，4个剧院应各有特色，不能千篇一律，更不能都像会议大厅。4个剧院之外的空间、走廊等，应称作是第5剧院，也要有特色和魅力。对于戏剧院的设计，他考虑到主要将上演中国的国粹——京剧，因此在内部装饰材料的质地和颜色的选择及整体设计上，刻意追求了与京剧的服装、脸谱等相适应的气氛。而歌剧院主要表演的是歌剧和芭蕾舞剧，对环境的要求又有不同。歌剧院以金色为主色调。观众厅设有池座一层和楼座三层，在舞台的设计上更是结合先进的技术，具备推、拉、升、降、转功能，在芭蕾舞台板上加入了可倾斜的设计，还有可以容纳三管乐队的升降乐池。墙面上安装了弧形的金属网，在整体视觉上的弧形与听觉空间的多边形交相呼应，完美地将建筑声学与剧场美学糅合在一起，并且还拥有1.6秒的混响时间，完全符合歌剧及舞剧等表演形式的演出要求。

2. 北京央视新大楼

北京央视新大楼由荷兰大都会建筑事务所（OMA）首席设计师库哈斯设计。1946年库哈斯生于荷兰鹿特丹，19岁担任报纸记者，1968年赴伦敦著名的建筑协会学院学习建筑，而后再赴美国康奈尔大学继续深造。在美期间，他开始了对纽约"大都会"的研究，并于1978年出版了《——狂的纽约一部曼哈顿的回溯性的宣言》，引领了"大都会建筑运动"，从此开启了用社会学研究建筑与城市的学术道路。1975年，他与艾利娅·曾格荷里斯、扎哈·哈迪德创立了荷兰大都会建筑事务所。2000年5月，库哈斯因对建筑承上启下的历史影响而被授予了被喻为"建筑诺贝尔奖"的普利兹克建筑奖。目前，库哈斯是OMA的首席设计师、哈佛大学教授。最近，他又成立了建筑研究机构AMO以研究OMA。1995年出版的《小、中、大、超大》和2001年出版的《大跃进》两本百科全书般的巨著奠定了库哈斯作为"我们这个时代最伟大的思想家之一"的学术地位。2004 年出版的《客纳》，则是将其最新的建筑与城市研究成果，运用大量的漫画、拼贴、翻拍复制、地图图表分析等波普艺术设计手法，以杂志的排版和结构呈现了出来，他甚至还加插了广告，欲以减低成本，低价销售，让这本学术专著成为畅销书。2002 年库哈斯第一次进入中国市场，参加了北京新 CCTV 总部设计竞标，新 CCTV 在引起广泛争议的同时，也让库哈斯在中国的名声达到了鼎峰。2004 年他接到了北京西单图书大厦工程的设计任务。

中国中央电视台的 300 幢高楼大厦包括三个部分：中央电视台主楼（CCTV）、电视文化中心（TVCC）和服务楼。中央电视台的总建筑面积约为 55 万平方米，最高建筑约 230 米，工程总投资约为 50 亿元人民币。主楼突破了摩天楼常规的竖向特征，两个塔楼从一个共同的平台升起，就像两个倒"L"斜靠在一起。整体扭曲，上部悬空汇合，外形总体形成了一个闭合的环，被称为突破常规的造型和"挑战地球引力"的结构。这样一种回旋式结构在建筑界还没有现成的施工规范可循，这种结构是对建筑界传统观念的一次挑战。

央视大楼的结构构成主要是由多个不规则的金属脚手架组成的，这些脚手架成菱形渔网状，尽管看似大小不一，没有规律，但是这些脚手架的构架无一处不是需要经过精密计算的。由于大楼的不规则设计造成了楼体各部分的受力有很大差异，这些菱形块就成了调节受力的工具。

主楼功能空间分为行政管理区、综合业务区、新闻制播区、播送区、节目制作区等五个区域，另有服务设施及基础设施用房，总建筑面积约为 38 万平方米。电视文化中心主要包括电视剧场、录音棚、文化酒店、新闻发布大厅、数字影院、大型视听室、展览区、多功能厅等设施，它们通过地下走廊与央视主楼连接，总建筑面积约为 6 万平方米。

3. 广东省博物馆新馆

广东省博物馆新馆由香港设计师严迅奇设计，其主要作品包括天津国际展览中心、香港会议及展览中心、香港新机场中环机场大厅，北京希尔顿酒店、博鳌蓝色海岸等。广东省博物馆新馆位于广州市珠江新城文化艺术广场，与广州歌剧院为邻，形成了一圆润一方正的对比。新馆总占地面积为 41027 平方米，总建筑面积为 63128 平方米，地下一层，地上五层，建筑总高度为 43 米。主要配置有展馆、藏品保藏系统、教育服务设施、业务科研设施，以及安防、公共服务、综合管理系统等。展馆分为历史馆、自然馆、艺术馆和临展馆四大部分。新馆设计意念为表达中国传统文化中的宝盒、象牙球、玉碗、铜鼎等意象，"装载珍品的容器"的意象与建筑造型结合比较自然。造型与相邻的广州歌剧院的形体关系处理为对比关系，有强烈的标志性。博物馆的空间内部功能层层相扣，展厅、中庭与整体结构紧密结合，由内向外逐层展开，展厅和后勤服务等功能区实现了视觉上和实质上的分离，功能区间自然而生，使形式和功能形成了统一的有机整体。博物馆建筑外墙材料采用拉丝和穿孔金属板材、玻璃和饰面屏风相结合的形式，利用金属的黑灰色与内凹处的大红色形成对比，隐约显露出了中国特色。通过外墙立面的雕刻处理及中庭的采光，展馆的自然光问题得到了合理的解决，外墙内凹和外凸部分错落有致，结合照明，使象牙雕的镂空样式得到了体现。广东省博新馆设计采用钢筋混凝土剪力墙与钢桁架悬吊结构体系，在巨型铜筋混凝土筒体上端，外悬出 21 米大型空间钢桁架。悬吊建筑结构将使整个展馆更宽敞宏大，也使空间的利用更经济。新馆内还将铺设玻璃通道，悬跨在中庭上空，让观众在移步换景中产生独特的空间感受。利用大型屋顶桁架悬挂下面各层楼板，最大限度地解决了首层的支撑问题，为入口及城市赢得了通透的公共空间。

五、解构主义空间设计形式与风格

（一）形式与风格的概念

解构主义最早是由哲学家贾克·德里达于 1967 年前后提出来的，但是将解构主义作为一种设计风格却是在 80 年代晚期才开始形成的，主要是在后现代建筑的领域得到了发展，是后现代时期的设计探索形式之一。当代解构主义空间设计师完全拒绝传统建筑，他们探求"反形式、反美学"，强调用一种新的语言来表达设计理念。它的特别之处是用非线性和非欧几里得几何空间形态进行设计，在空间结构和形态上形成建筑空间元素之间关系的变形与移位。现在电脑辅助设计与立体模型已成为当代解构主义建筑空间设计的重要工具，空间形态创意立体模型及动画可以协助设计师表现复杂的空间构想。

扎哈·哈迪德已成为当代解构主义空间设计的代表人物。

（二）形式与风格的特征

①否定正统原则与正统标准。解构主义建筑是对于正统原则与正统标准的否定和批判，一切传统的、既定的概念范畴和分类法都是解构的对象。

②非欧几里得几何空间形态。非欧几里得几何空间形态是一种弯曲空间中的几何学，而欧几里得几何学是平坦空间的几何学。解构主义空间设计表现出了非欧几里得几何空间形态设计语言的多元、姬变、无预定设计的特征，

很多解构主义建筑家仅以草图和模型来设计，完全依靠电脑来归纳。设计不追求绝对权威和设计语言的晦涩、随意性、个人性、表现性、多元及模糊性，追求几何空间的复杂化、非同一化的、破碎的、凌乱的建筑空间特征。

③空间用打散重构形式。解构主义的实质是对结构主义的破坏和分解，具有设计的实验性，空间设计采用打散重构的形式，运用现代主义词汇，却从逻辑上否定传统的基本设计原则。

④非线性空间设计。在空间形态设计中，建筑师用大量倾倒、扭转、弯曲、波浪等动态的形体，造出散乱失稳的空间形态感觉。

（三）形式与风格的代表人物和作品

1. 扎哈·哈迪德

当今的扎哈·哈迪德是建筑界的一个传奇。有人说她是疯子，有人说她是异端人物，当然还有人说她是特立独行的建筑大师。无论如何，哈迪德被誉为是当今世界上最优秀的"解构主义大师"。哈迪德改变了人们对空间的看法和感受，空间在哈迪德手中就像橡胶泥一样，任由她改变外形：地板落差极大，墙壁倾斜，天花高吊，内外不分。

1950年，扎哈·哈迪德出生于伊拉克的巴格达，1972年，扎哈·哈迪德进入伦敦的建筑联盟学院（AA）开始学习建筑学，并获得硕士学位。此后加入大都会建筑事务所，与扎哈·哈迪德一起执教于AA建筑学院的人还有雷姆·库哈斯和埃利亚·增西利斯。其后来在AA成立了自己的工作室。她的建筑设计想象丰富，不仅有理论，还有实践，这使她成为世界上最出名的女建筑师。在1980年前后，她的富于想象和充满活力的设计赢得了评论界的赞扬，并获得了建筑奖，但这些设计体现了激进的美学观点，设计富于动感和充满了现代气息，是有挑战性的工程，充满了激情与创新。但她的设计很少实施建造，被称为"纸上建筑师"，这种状况一直到90年代末才有了改观。2004年扎哈·哈迪德获得了"普利兹克奖"之后，大量的建筑业务向她涌来。我国北京SOHO城的总体设计和广州歌剧院的设计均是来自于扎哈·哈蒂德，其他知名的优秀工程还有德国的维特拉消防站、德国的"宝马中心大楼"以及为2012奥运会服务的"伦敦水上运动中心"等。

对扎哈最直接的影响仍是伦敦的建筑联盟学院，它堪称是全世界的建筑实验中心。学院的多位师生勇于作为全新的现代主义者，尝试为现代性提出新视点。他们将多向度透视、快速移动而强烈的造型和科技性的架构整合为意象，这些意象的表现乃是描述多于定义。扎哈·哈迪德的现代主义模式是信仰新的结构方式、新视点与重新诠释现代主义的现实性。她认为我们已进入了一个新世界，但仍延用旧视点，是不正确的。唯有真正张开眼睛、耳朵或用心灵来感知自己的存在，我们才会得到真正的自由。要将新的认知转化为现存造型的重组，使这些新的形体成为新现实的原型，借由新方式重现新事物，使我们可以建立新世界，并居住其中。

她的建筑始终含有原创的、强烈的个性视觉、碎片几何结构和液体流动性。她常采用盘旋手法，盘绕元素一再出现于扎哈的作品中，提醒着人们注意原野如何越过山丘，山峰如何指引方向。她从基地找出了要运用的空间语汇，结合机能与空间逻辑，把建筑形态蜿蜒至基地景观内。扎哈·哈迪德说："我自己也不晓得下一个建筑物将会是什么样子，我不断尝试各种媒体的变数，重新发明每一件事物。"

2.广州歌剧院

广州歌剧院，又名"圆润双砾"，由建筑师扎哈·哈迪德设计，位于珠江新城中心区南部。哈迪德沿袭了她在建筑元素里追求真正自由的设计理念和流线型的设计手法，在建筑形体和空间中加入了景观元素，将动态的建筑空间和形式模糊的手法形成功能交织的建筑，使建筑和城市景观融合共生。在广州歌剧院外部地形设计上，加入跌宕起伏的"沙漠"形状元素，与广州歌剧院周边的现代都市形象构成鲜明的对比。歌剧院建筑空间主体外形为非几何形体、非规则的外形设计，设计融合了粗犷主义和解构主义隐喻性及动态构成的设计手法。广州歌剧院的主体建筑在造型上自然、粗野，设计为灰黑色调的"双砾"，意喻着主体建筑是由珠江河畔的流水冲来的两块漂亮的石头，它像珠江河畔被流水抚摩的两块一大一小、一深一浅的砾石，显得坚定、独特而内敛。"大砾石"内以1800座的歌剧厅为主空间，"小砾石"内以400座的多功能剧场为主空间。除主空间之外均设有相配套的其他功能空间，如艺术展览厅、后台设施等，能够满足新闻发布、演员排练等要求。

广州歌剧院歌剧厅的舞台、布景、观众座位等都能转动，观众可以多角度地欣赏演出，歌剧厅还可作为"黑匣子"实验剧场。建筑通过连续的曲面外墙强调与城市界面的衔接，自然形态与人工几何形态的交叠，自然环境与建筑环境的渗透，与邻近的博物馆共同构成了动态平衡的都市景观。

整体建筑采用铜—钢砼混合结构，预计用钢量将超过12000吨。以灰黑色调的双砾构成自然、粗野的原始造型，与周边高楼林立的现代都市形象构成了显著的对比。歌剧厅与多功能剧场两者均采用的是屋盖与幕墙一体化的结构设计，整体性外壳最大长度约120米，高度为43米。建筑外墙有324个构造面，而且每个面都是不一样的三角形、转角圆弧面形、尖角双曲弧形。

歌剧院钢结构的每一个钢件都是分段铸造，再运到现场拼接的，每一个节点从制造、安装均要在空中进行准确的三维定位，如此复杂的钢结构还没有规范可循。中国对外文化集团公司将全权负责大剧院的运营，大剧院将成为海内外艺术家和制作人的创意文化产品制作中心和输出中心。

六、LOFT 空间设计形式与风格

（一）形式与风格的概念

20 世纪 40 年代时，LOFT 这种居住生活方式首次在美国纽约的苏荷 SOHO 区出现，这些块状几何体、红砖外墙的老建筑，以前是囤积纺织品的仓库区，它高大、宽敞、结实。贫穷的艺术家们通常把建筑挑空的部分设计成工作的区域，然后在空间中搭建出居住阁楼，墙壁简单粉刷，涂上灿烂的颜色，工业照明设备经过改造被继续使用，临街的房间被改造成商店，以出售自己的作品，这就是 LOFT 的雏形。到了 60 到 70 年代，艺术家与设计师厌倦了城市生活，厌倦了枯燥与呆板，对于废弃的工业厂房加以设计改造，将厂房分隔为各种空间，并且将功能进行划分，有用于居住、工作的空间，还有用于社交、娱乐的空间。在浩大的厂房里，由艺术家与设计师构造出了各种生活方式，在此之中可以创作行为艺术，还可以办作品展，将生活打造得酣畅淋漓。后来这些厂房逐渐成为最具个性、最前卫的地方并且广受年轻人的喜爱。

80 年代，个性化浪潮卷土重来，LOFT 这种工业化和后现代主义完美碰撞的空间艺术经过不断发展逐渐演化成了一种时尚的居住与工作方式，并且在全球广为流传。LOFT 空间的艺术家们充满了对自由的狂热和对反叛的热情，它已成为世界新人类的生活标签。在当代商业空间设计的发展中，又演变出了很高的商业价值，成为酒吧、艺术展的最好场所，如今，LOFT 总是与艺术家、前卫、先锋、798 等词相提并论。

（二）形式与风格的特征

1. 由旧房改造的高空间

可以从牛津词典中得知，LOFT 是指"在屋顶之下存放东西的阁楼"，但是当前 LOFT 是指"由旧工厂或旧仓库改造而成的，少有内墙隔断的高挑开敞空间"，LOFT 的风格特征如下所示。

第一，在空间设计上。LOFT 风格特征包括高大而开敞的空间，不仅具有上下双层的复式结构，还在楼梯和横梁的设计上具有类似于戏剧舞台的效果。

第二，具有开放性。LOFT 风格空间户型间全方位组合。

第三，具有艺术性。LOFT 风格业主可以自行决定所有风格和格局。

第四，具有透明性。LOFT 风格空间减少了私密程度。

第五，具有流动性。LOFT 风格空间户型内无障碍。

2.空间的自由性、解构性与观念性

LOFT 住宅建筑内除厨房、卫生间固定外，整个户内没有隔断，住户可自由组合。LOFT 吸引了大量崇尚个性、自由、流动的工作和生活状态的年轻人，迎合了收入颇丰的城市新贵。LOFT 大规模的空间和它所带来的自由性使人们有机会根据特殊的需要来组建不同的环境氛围。很多建筑大师也赋予了 LOFT 极高的"艺术观念性"和"建筑的解构性"。从而使它蕴涵个性化的审美情趣，粗糙的柱壁、灰暗的水泥地面、裸露的钢结构已经脱离了旧仓库的代名词，这就是 LOFT 生活。

3.挑战现代工作与居住分区的概念

LOFT 象征先锋艺术和艺术家的生活和创作，它对现代城市有关工作、居住分区的概念提出了挑战。工作和居住不必分离，可以发生在同一个大空间中，LOFT 生活方式使居住者即使在繁华的都市中，也仍然能感受到身处郊野时的不羁与自由。

（三）形式与风格的代表作品

1.上海新天地

上海新天地是旧区、旧房改造的项目，属于 LOFT 时尚艺术设计代表空间。上海新天地坐落于卢湾区，正处于"市中心的中心"，香港瑞安集团在1997 年提出了一个石库门建筑改造的新理念，即改变原先的居住功能，赋予它新的商业经营价值，把百年的石库门旧城区，改造成一片充满生命力的新天地。上海新天地项目于 1999 年初动工，2007 年底建成。上海新天地由总规划设计师本杰明·伍德设计。杰明·伍德是波士顿 Faneuil Hal 的建筑设计师，同时也是美国 Wood+Zapata 建筑事务所总裁、总设计师。伍德先生主张城市的建筑设计应在传统文化建筑和现代建筑理念中找寻最佳契合点。上海新天地项目的设计理念是"昨天明天相会在今天"，把新时尚注入旧建筑空间，以符合新时代消费者的需求。设计师们在整体规划上保留了石库门北部大部分建筑，并穿插了部分现代建筑，南部地块则以反映时代特征的新建筑为主，

配合少量石库门建筑，一条步行街串起南、北两个地块。建成的上海新天地占地面积为3万平方米，总建筑面积为6万平方米，整体功能是一个典型的Mall，Mall是一种规模大、功能多、商品和服务全，集购物、餐饮住宿、休闲、娱乐和观光旅游为一体的步行休闲街区。新天地的石库门建筑群精心保护与修复了建筑的外观立面，保留了当年的砖墙、屋瓦。建筑的内部则改变了结构及原有的居住功能，创新地赋予了其商业经营功能，体现了现代都市人的生活方式及生活节奏。这片LOFT时尚空间已成为集国际水平的餐饮、购物、演艺等功能为一体的时尚休闲文化娱乐中心。新老建筑相结合，延续了上海里弄住区的传统风貌特色，形成了"新老对比"的独特魅力。

2.798工厂艺术区

798工厂艺术区是典型的LOFT时尚艺术代表空间。798艺术区位于北京朝阳区大山子，原是国营798厂等电子工业的厂区所在地。从2002年开始进驻艺术家，他们充分利用了原有厂房的包豪斯建筑风格，稍做装修和修饰，使其成了富有特色的艺术展示和创作空间。如今798已经发展成为闪现着"自由、前卫、宁静、个性"，释放最原始的审美情结的空间。798艺术区已经成为更适合城市功能和发展趋势的无污染、低能耗、高品位的新型文化创意产业区，随着艺术家和文化机构的相继进驻，逐渐发展成为画廊、艺术中心等各种空间的聚合。798艺术区已成功举办策划了一系列当代艺术活动，包括"北京浮世绘""再造798蓝天不设防""长征""大山子艺术节"等。798内现在比较知名的艺术画有时态空间、风和日丽家居廊、仁俱乐部、八十座、左岸公社NOW设计俱乐部等。

798工厂艺术区是一种当代空间艺术及文化产业在与历史文脉相融合时产生的成果，更是与城市生活环境的有机结合，经过不断发展，798已经演化成了一个文化概念，不管是对各类专业人士，还是对普通大众均产生了强烈的吸引力。798工厂艺术区还对城市文化和生存空间上的传统思想观念产生了冲击，是20年来中国经济改革的产物和成果。

七、主题化空间设计形式与风格

（一）形式与风格的概念

20世纪末以来，世界空间设计呈现出了多元化的特点，主题化空间设计成为商业建筑与私人建筑创造个性化空间的一种设计方法。主题化空间设计指空间设计作品中所蕴含的主体和核心，其设计题材涉及社会生活或现象的某一方面，如自然主题、战争主题等。自1955年美国迪士尼乐园主题设计获得极大成功以来，主题化设计对各种空间设计产生了极大的影响。英国的"赌城"拉斯维加斯主题化空间设计表现得最为著名，如金字塔酒店是以埃及金字塔为主题的，外观被设计成了大金字塔及人面狮身像，酒店房间就在金字塔里面。酒店房间的设计也将古埃及风格展现得淋漓尽致，旅客以小艇渡过小尼罗河后，由相关服务人员送到客房。酒店还建有主题游乐园，称之为金字塔的秘密，分为"过去""现在""未来"三个主题。当前，世界各地已出现了形形色色的主题广场空间、主题酒店空间、主题会所空间、主题公园空间、主题餐厅空间，主题化空间设计创意已成为当代设计的流行趋势。

（二）形式与风格的特征

1. 从自然环境获取主题素材

设计师从大自然万物中寻找设计素材，空间设计主题原始素材可以来源于自然环境，不管是阳光、土壤、海河，还是花草、山石，设计师都能从这些自然要素中获取设计元素，通过设计来寻找出一个"人"与"自然"能够和谐并存的方式。

2. 从社会环境获取主题素材

设计师也可以在人类社会发展环境中寻找设计素材，也就是空间设计主题原始素材可以来源于各种社会环境，设计师不仅可以从社会历史活动及科学技术概念中寻找设计元素，还能够在各种艺术作品中获取设计元素，通过对设计元素的提取，将其用于创建社会文化主题空间中，努力谋求"人"与"社会时代"的关联方式。

3. 空间创意围绕着共同的主题

从建筑、环境、室内空间、公共艺术品和展品陈列等多方面围绕一个共同的主题进行全方位的主题表现。

（三）形式与风格的代表作品

北京奥运国家体育场。北京奥运国家体育场又称"鸟巢"，由瑞士建筑师赫尔佐格和迪默龙设计。1950年两人同年出生于瑞士的巴塞尔，一同就读于瑞士联邦工学院，一同毕业后成立了建筑设计事务所，在共同的职业生涯中一同获取过许多奖项。从发小到搭档，两人建立起了不可分的友谊和默契，所以不管是进行创作还是抛头露面，总以二人组合的方式进行。他们的作品技术和艺术完美结合，无穷的创造力、想象力与现实条件完美结合，终于他们共同获得了2001年度普利兹克奖。

北京奥运国家体育场的整体建筑造型创意是从自然鸟巢概念获取主题素

材的。建筑师赫尔佐格和迪默龙认为北京奥运国家体育场的设计主题源于一个树枝编成的鸟巢，鸟巢的结构与形式是统一的，正如鸟儿不会刻意去装饰它的巢一样，我们体育场的建筑形式和网状结构完美统一在一起后，很清晰、很自然、很纯净。同时，它可让我们联想到中国传统文化的棂花窗水、裂纹瓷器、镂空玉器，以及新石器时代陶制器皿上的网状图案。

八、新都市主义空间设计形式与风格

（一）设计形式与风格的概念

工业革命所产生的城市化运动，城市以产业为主导，劳动力成为商品，人口高度集聚，公共空间得到迅速的发展，公共空间被肆意扭曲、破坏，交通堵塞，空气污染，人居生活空间狭小。二战以后的五六十年代，人们开始渴望郊外新鲜的空气和原生态的环境，住宅郊区化开始出现。在郊区化过程中，其特别强调私人空间的价值，结果导致没有了和谐共享的公共空间，没有了安全感和归属感。而城市中心的居住人口日益减少，城市中心资源被大量闲置，城市商业日渐衰弱。由于住宅外迁，人们的工作地依然在城市中心区，这就更大程度上加剧了城市交通的堵塞，同时也提升了城市居民的工作和生活成本。于是20世纪80年代，第二次城市化运动开始，人们为解决这些城市问题提出了一系列规划方案。

"新都市主义"的设计思潮在美国出现了，其以功能分区等各种近代城市规划的理论和规划技术的发源为核心，可以说是适应社会变化的过程中，一场引导规划潮流的运动。新都市主义作为一种规划设计理念，强调在城市和社区设计时必须将公共空间的重要性置于私人利益之上。从建筑设计与公共空间的关系，到社区建筑类型与功能的安排，与区域交通路网的协调，都要遵循这一原则。对公共空间进行重新整合，这是新都市主义的魂之所在，也是新都市主义"新"的地方。

新都市主义重视住宅设计和社区整体规划，把生活、工作、购物、娱乐、休闲集中起来考虑，使生活、休闲、工作"三位一体"。将现代人的时间、交通成本缩至最短，形成最具个性的"新都市主义"居住主张。居住与办公地点接近可以大大节约时间成本。

新都市主义实现的途径：一是通过旧城改造，改善城区的居住环境；二是将不断扩张的城市边缘重构形成社区，使其具有多样化邻里街区，而不是简单地形成一个人们居住的"卧城"。新都市主义传入中国之后，首先受到了反郊区化开发商的追捧。现在中国的城市发展，可以说正处在城市化与郊区化这两个阶段之间。新都市主义在中国最有可能实现的地点是都市的城乡接合部的大型商住园区，它既可以依托城市原有的市政配套，大幅度节约开发商的开发成本，又因为规模较大，可为开发商进行社区的设计提供丰富的空间和极大的可能性。

（二）形式与风格的代表作品

1. 卡罗拉多商业区

卡罗拉多商业区位于洛杉矶北面的帕萨迪纳市（Pasadena），该市是拥有百年历史的西部城市。随着 90 年代新都市主义的兴起，当年市政决定对该市进行综合性大规模改建，并由美国建筑设计事务所 RTKL 负责设计，风格以地中海为主，加以现代形式的处理，力图创建一个符合时代发展步伐的都市新中心。帕萨迪纳市政对老城区进行了改造，并获得了成功。

改建后的卡罗拉多商业区，在尊重、保护历史建筑的前提下建立了"生活方式中心"，建立了零售业中心、餐饮、剧院多项功能设施，其以步行街为主导的零售业中心代替了原有的购物中心，并通过重新开放大道的视线通廊，与邻近街区步行系统合并，在市中心区重建了"主街"。商业与住宅最大化地有机融合，创造出了一个富有活力，全天候人与社会交流的舒适的生活环境，获得了民众与政府的全面赞赏。

2. 拉德芳斯新区

拉德芳斯区位于巴黎西郊塞纳河畔的无名高地。拉德芳斯（La Defense）的原意是"巴黎的防御"，主要是纪念 1870 年抵抗巴黎被围的将士们，而正式定名为拉德芳斯区。超高层大楼在欧洲一向不受欢迎，被认为是粗俗的美国文化，与古典城市不协调。许多欧洲城市都对市内新建筑有高度的限制。巴黎曾在市中心建了一座 50 层高的蒙巴纳斯大厦，建成后屡遭抨击。所以政府决定在拉德芳斯区发展新都市区，把生活、工作、购物、娱乐、休闲集中起来考虑，建立一个新都市主义新区。1982 至 1983 年，政府对巴黎西郊塞纳河畔地区的开发设计进行了国际招标，拉德芳斯区的设计方案就是出自奥托·冯·施普雷克尔森之手，并且于 1985 年 7 月，拉德芳斯新区的建设前期工程已经就绪，宣布正式上马。

拉德芳斯区的新都市区总体设计体现了现代和未来城区的多功能设计思想，设计师把拉德芳斯广场和新区的代表建筑——大拱门建造在象征着古老巴黎的凯旋门、香榭丽舍大道和协和广场的同一条中轴线上，让现代的巴黎和古老的巴黎遥相呼应。为避免大城市空心化，法国政府规定城市办公室面积和住宅面积要有一个恰当的比例，不能让用作办公的高楼大厦无限制发展。他们认为只在白天有人而晚上成为空城，会破坏城市生活节奏的平衡。所以，在拉德芳斯特区每一个小区域都是办公室、住宅和商店的和谐混合体，并且住宅建筑空间也有许多不同的形态。拉德芳斯的规划和建设强调由斜坡路面、水池、树木、绿地、铺地、小品、雕塑（如现代雕塑家塞扎尔的黄铜"大拇指"雕塑）、广场（如拉德芳斯广场上的电子音乐喷泉）等所组成的街道空间的设计。拉德芳斯都市区表现出了文明与自然属性，人与自然、社会和谐共存的理念。

拉德芳斯区经过多年不同阶段的建设，现在早已高楼林立，成了集办公、商务、购物、生活和休闲于一体的新都市主义城区。以帕斯欧·卡罗拉多商业区与拉德芳斯新区为代表的新都市中心区都是在政治、经济、景观、标志性建筑的中心区域或周边兴起的，集居住、办公、商业、娱乐、休闲、文化于一体的综合规划，同时是引领了全球趋势的顶级"时尚艺术"。这也构成了当今世界地产发展的新趋势——"新都市主义"的概念的诞生。

参考文献

[1] 吴士新. 走向公共空间的艺术 [M]. 北京：九州出版社，2017.

[2] 毕留举. 城市公共环境设施设计 [M]. 长沙：湖南大学出版社，2010.

[3] 王岩松，李理. 公共艺术设计 [M]. 北京：中国建材工业出版社，2011.

[4] 李泰山. 空间设计形式与风格 [M]. 北京：人民美术出版社，2012.

[5] 孟彤. 城市公共空间设计 [M]. 武汉：华中科技大学出版社，2012.

[6] 尹婧，黄文泓，安勇. 室内公共空间设计 [M]. 长沙：中南大学出版社，2018.

[7] 马跃军. 公共艺术 [M]. 石家庄：河北美术出版社，2014.

[8] 刘红伟. 公共装饰设计 [M]. 西安：西安交通大学出版社，2014.

[9] 王国荣. 公共建筑空间设计 [M]. 北京：中国青年出版社，2015.

[10] 赵志红. 当代公共艺术研究 [M]. 北京：商务印书馆，2015.

[11] 张伟，赵向标，汪守军. 城市商业综合体规划设计与运营管理 [M]. 北京：中国建筑工业出版社，2018.

[12] 陈业伟. 建筑群空间布局艺术 [M]. 上海：上海科学技术出版社，2017.

[13] 王鹤. 公共艺术创意设计 [M]. 天津：天津大学出版社，2013.

[14] 张孟常. 设计概论新编 [M]. 上海：上海人民美术出版社，2009.

[15] 艾学明. 公共建筑设计 [M]. 南京：东南大学出版社，2009.

[16] 白旭. 建筑设计原理 [M]. 2版. 武汉：华中科技大学出版社，2015.

[17] 矫克华. 现代景观设计艺术 [M]. 成都：西南交通大学出版社，2012.

[18] 薛娟，侯宁，王海燕. 办公空间设计 [M]. 北京：中国水利水电出版社，2010.

[19] 刘利剑，周海涛，张健. 商业空间设计 [M]. 北京：清华大学出版社，2010.

[20] 陆金生，窦蓉蓉. 展示设计 [M]. 上海：上海人民美术出版社，2011.